W0057194

Josef W. Seifert

# Besprechungen
# erfolgreich moderieren

Josef W. Seifert

# Besprechungen erfolgreich moderieren

## Kommunikationstechniken für Leiter und Teilnehmer

15., völlig überarbeitete und erweiterte Auflage

Bibliografische Information der Deutschen Nationalbibliothek

Die Deutsche Nationalbibliothek verzeichnet diese Publikation
in der Deutschen Nationalbibliografie; detaillierte bibliografische
Daten sind im Internet über http://dnb.d-nb.de abrufbar.

ISBN 978-3-86936-639-5

15., völlig überarbeitete Auflage 2015

Lektorat: Ute Flockenhaus
Umschlaggestaltung: Martin Zech Design, Bremen | www.martinzech.de
Illustrationen: Erik Liebermann
Satz und Layout: Lohse Design, Heppenheim | www.lohse-design.de
Druck und Bindung: Salzland Druck, Staßfurt

© 2004, 2015 GABAL Verlag GmbH, Offenbach
Alle Rechte vorbehalten. Vervielfältigung, auch auszugsweise,
nur mit schriftlicher Genehmigung des Verlages.

www.gabal-verlag.de

# Inhalt

# Zum Buch

Gespräche sind der „Klebstoff", der Organisationen und Gruppen zusammenhält. Eine spezielle, sehr häufige und äußerst wichtige Gesprächsform ist dabei das Gruppengespräch, die Besprechung, das Meeting.

Einerseits zeigen Untersuchungen, dass Manager, Führungskräfte und Mitarbeiter sehr viel Zeit in Meetings verbringen, obgleich die meisten von ihnen diese für wenig effektiv halten. Andererseits rückt das verstärkte Arbeiten in (internationalen) Projekten und Teams das Gruppengespräch weiter in den Fokus. Die Notwendigkeit, sich für die Effektivität von Gruppengesprächen zu engagieren, liegt also auf der Hand.

Moderation als das „Tool" zur Strukturierung von Gruppengesprächen ist für die Durchführung von Workshops im Rahmen strukturierter Changemanagement-, Organisationsentwicklungs- und Teamentwicklungsarbeit längst nicht mehr wegzudenken. Zur Gestaltung von „normalen" Besprechungen wird sie aber bisher immer noch zu wenig und nicht konsequent genug genutzt.

Dabei können die Grundsätze und Regeln sowie die Visualisierungstechniken der Businessmoderation hinsichtlich der Vorbereitung, Moderation und Nachbereitung von Meetings „wahre Wunder" bewirken. Dabei spielt es keine Rolle, ob mit klassischen oder digitalen Medien und Hilfsmitteln gearbeitet wird. Entscheidend ist vielmehr die konsequente Nutzung der Kommunikations- und Visualisierungstechniken, die die Moderation bereithält.

Das Anliegen des vorliegenden Buches ist es daher, Besprechung und Moderation zusammenzuführen zur „Besprechungsmoderation" und dadurch die Moderationstechnik auch für die normale Besprechung am „runden" Tisch nutzbar zu machen. Die im Folgenden dargestellten 11 Gebote zeigen, worauf es ankommt.

Allen Leserinnen und Lesern wünsche ich viel Spaß bei der Lektüre und für die Zukunft erfolgreiche Besprechungen!

*Josef W. Seifert*

Übrigens: Wenn im Folgenden vom Moderator, vom Leiter oder Teilnehmer die Rede ist, ist damit immer auch die Kollegin gemeint. Da es leichter ist, einen Text in einem grammatischen Geschlecht zu schreiben (und zu lesen), beschränke ich mich auf die männliche Form.

# Grundsätzliches:
# Was ist eigentlich eine
# Besprechung?
# Was ist eine Moderation?

Gesprächssituationen in Form persönlicher Begegnungen sind trotz modernster Kommunikationstechniken aus unserem (beruflichen) Leben nicht wegzudenken. Manches lässt sich schriftlich, per Boten oder per Kabel übermitteln, vieles aber lässt sich nur im persönlichen Gespräch klären.

Eine spezielle Gesprächssituation ist dabei die Besprechung – auch Sitzung, Konferenz oder Meeting genannt.

Besprechungen sind dadurch gekennzeichnet, dass eine Gruppe zusammensitzt und Informationen austauscht. Meist geht es darum, gemeinsam Probleme zu lösen. Zentrales Merkmal der Besprechung ist es, dass sie einen Leiter hat, der den Prozess verantwortlich gestaltet und die Gruppe anleitet, zu Lösungen zu kommen, die von allen mitgetragen werden.

Solche Ergebnisse entstehen aber nur dann, wenn sich jeder Einzelne in der jeweiligen Lösung „wiederfindet". Dies verlangt vom Leiter erhebliches Moderationsgeschick. Er hat darauf zu achten, dass alle gehört und berücksichtigt werden und niemand die Gruppe inhaltlich dominiert. Dies gilt auch und in besonderem Maße für ihn selbst, den Leiter und Moderator!

Besonders schwierig ist diese „inhaltliche Abstinenz" dann, wenn der Moderator zugleich der Veranstalter der Zusammenkunft, der inhaltliche Experte oder/und der Vorgesetzte der Teilnehmer ist.

In diesem Fall werden die Komponenten Moderation und (inhaltliche) Leitung zusammenfallen. Um (trotzdem) tragfähige Entscheidungen zu erzielen, sollte das „Mischungsverhältnis" dem Grundsatz genügen:

So viel Moderation wie nötig
und so wenig (inhaltliche) Leitung wie möglich!

Abbildung 1 zeigt symbolisch den Zusammenhang von Moderation und (inhaltlicher) Leitung.

**Leitung**

Der Leiter
entscheidet

Die Gruppe
entscheidet

**Moderation**

Abb. 1 – Moderation und Leitung

# Besprechungsarten

Besprechungen sind zumeist Mischformen aus unterschiedlichen Besprechungsarten und -zwecken wie:

- **Information**saustauschbesprechung
- **Entscheidungsvorbereitung**sbesprechung
- **Problemlösung**sbesprechung/Entscheidungssitzung

In aller Regel findet die Besprechung am „runden Tisch"
statt. Zwei Alternativen dazu sind der Workshop und das
Online-Meeting.

Besprechungen von großer Komplexität werden häufig
nicht am Tisch, sondern in Form von Workshops durchge-
führt, in denen die Teilnehmer im „offenen Stuhlkreis" sitzen. Kurze Meetings, die den Live-Kontakt nur ergänzen,
finden häufig im virtuellen Raum statt.

Das gewählte Besprechungsdesign entscheidet darüber,
welche methodischen Möglichkeiten gegeben sind, da es
die Einsetzbarkeit von Medien und Methoden bestimmt.
Deshalb werden im Folgenden diese „Sitzordnungsmodel-
le" kurz skizziert. Die klassischen Grundformen für Besprechungen sind:

- Arbeiten im „offenen Stuhlkreis": Workshop-Moderation
- Arbeiten am „runden Tisch": Besprechungsmoderation
- Arbeiten im „virtuellen Raum": Online-Moderation

Jede Arbeitsform hat Vor- und Nachteile. Diese sind im Folgenden kurz skizziert.

# Arbeiten im „offenen Stuhlkreis": Workshop-Moderation

Abb. 2 – Arbeiten im „offenen Stuhlkreis"

Bei Gruppengesprächen in Form von Workshops sitzen die Teilnehmer in einem Halbkreis, der durch Medien wie Pinnwand und Flipchart und eventuell einem Touch-Monitor ergänzt wird. Das Zentrum bildet das so entstehende „Forum".

Diese Form von häufig mehrtägigen Workshops wird vor allem zur Gestaltung komplexer Arbeitsprozesse genutzt zu Themen wie:

- Vision/Neuausrichtung
- Strategieentwicklung
- Prozessoptimierung
- Teamentwicklung
- Teamcoaching
- Konfliktklärung

## Vorteile:

- Jeder kann jeden gut sehen.
- Die Tisch-Barriere zwischen den Teilnehmern fällt weg; jeder kann leicht nach vorne gehen und die Medien für eigene Beiträge nutzen.
- Es kann mit Pinnwänden gearbeitet werden, die eine sehr große Visualisierungsfläche zur Verfügung stellen.
- Der Stuhlkreis kann beliebig erweitert werden, sodass spontan zusätzliche Pinnwände/Visualisierungsflächen genutzt werden können.
- Es können Methoden der Business-Moderation genutzt werden.
- Die Medien „zwingen" dazu, stets für alle sichtbar mitzuvisualisieren.
- Das Protokoll entsteht prozessbegleitend.
- Es ist „systemimmanent", dass ein Leiter/Moderator benannt wird.

## Nachteile:

- Hoher Platzbedarf.
- Der Moderator muss mit den speziellen Medien und Methoden vertraut sein.

Im offenen Stuhlkreis sollte jeder jeden gut sehen können

# Arbeiten am „runden Tisch":
# Besprechungsmoderation

Abb. 3 – Arbeiten am „runden Tisch"

Bei dieser Art der Gestaltung von Gruppengesprächen, der Besprechungsmoderation, sitzen alle Beteiligten um einen Tisch. Dieser wird nicht in jedem Falle rund sein, er bildet aber das Zentrum. Als zentrale Medien kommen Flipchart und Beamer sowie weitere elektronische Medien, etwa ein E-Screen oder E-Board, zum Einsatz (Medien und Mediengebrauch siehe Seite 46 f.).

Genutzt wird diese Form des Gruppengesprächs vor allem für:

- (regelmäßige) Team-Meetings
- interdisziplinäre Arbeitsbesprechungen
- Projektsitzungen
- Ad-hoc-Meetings direkt am Arbeitsplatz

**Vorteile:**

Die Vorteile dieser Art des Arbeitens liegen auf der Hand:

- Relativ geringer Platzbedarf.
- Die Besprechungssituation ist spontan herstellbar.
- Jeder kann bequem mitschreiben.
- Es ist „üblich", so zu arbeiten, jeder kennt diese  Situation, sie ist (im Unterschied zur Workshop-Moderation) „alltäglich".
- Große Ablagefläche für Unterlagen auf dem gemeinsamen Tisch.
- Es können ohne Mühe Getränke etc. gereicht werden.

**Nachteile:**

Diesen Vorteilen stehen Nachteile gegenüber, die nicht so offensichtlich sind, wie etwa:

- Bei rechteckigen Tischen und wenn mehrere Teilnehmer an einer Längsseite sitzen, kann nicht jeder jeden gut sehen.
- Die Möglichkeiten des Medieneinsatzes sind begrenzt. Es können z.B. keine Pinnwände eingesetzt werden, denn der untere Teil der Pinnwand würde durch den Tisch verdeckt werden.
- Es stehen häufig aus Platzmangel keine Visualisierungsmedien zur Verfügung.
- Oft wird darauf verzichtet, einen Leiter/Moderator zu benennen.

# Arbeiten im „virtuellen Raum": Online-Moderation

Abb. 4 – Arbeiten im „virtuellen Raum"

Online-Treffen sind die ideale Ergänzung zu Workshops und Besprechungen. Die Teilnehmer sind über das Internet miteinander verbunden, jeder sitzt an seinem Arbeitsplatz, der beliebig weit vom Arbeitsplatz der anderen Teilnehmer entfernt sein kann. In einem virtuellen Moderationsraum können Inhalte präsentiert und Themen besprochen werden.

Je weniger Interaktion/Diskussion zur Themenbearbeitung zwischen den Teilnehmern erforderlich ist, desto besser ist Online-Conferencing als Form der virtuellen Begegnung geeignet.

Online-Moderation bietet sich insbesondere an, wenn es um Anliegen geht wie:

- ■ Präsentation (Produkt, Prozess, Entwurf ...)
- ■ Informationsvermittlung (fachliches Lernen)
- ■ Abstimmung (Projektfortschritt ...)

Eine detaillierte Darstellung dieser Thematik finden Sie in:
Josef W. Seifert / Bettina Kerschbaumer: 30 Minuten Online-Moderation
Offenbach: GABAL, 2012

**Vorteile:**

- Die Zusammenarbeit ist ortsunabhängig möglich.
- Entfernungen spielen keine Rolle.
- Es gibt keinerlei Reisezeiten.
- Es fallen keine Reisekosten an.

**Nachteile:**

- Keine persönliche Begegnung.
- Eingeschränkte Kommunikationsmöglichkeiten.
- Methodische Einschränkungen.
- Der Moderator muss mit dem Medium Internet und der Online-Arbeit gut vertraut sein.

Bei der Online-Moderation spielen Entfernungen keine Rolle

# Digital Working

Einerseits durchdringen Smartphones und Tablet-PCs den (Arbeits-)Alltag, andererseits benötigen wir für Meetings die Pinnwand, mindestens aber das Flipchart, um Struktur und Visualisierung, stringentes Arbeiten und konkrete Maßnahmenplanung sicherzustellen: Papier dominiert also auch weiterhin die Moderation. Doch die Digitaltechnik hält zunehmend Einzug in die Besprechungen, „Digital Working" ist zum Schlagwort geworden. Geht es darum, einen Präsentationspart zu bestreiten, dann kommt meist der gute alte Beamer mit Powerpoint-Folien zum Einsatz. Zahlreiche Software-Programme stehen zur Unterstützung zur Verfügung und bis zu hundert Zoll große Boards und Monitore mit und ohne Touch-Technologie ergänzen die vertrauten analogen Medien.

Termine können via Doodle oder Outlook vereinbart werden, Texte kann man via Word oder Pages aufbereiten, Mindmaps via MindManager oder MindMeister und Präsentationen via PowerPoint oder Prezi. Sitzungsprotokolle werden mit Digitaltechnik via PhotoMinutes und/oder PDF-Files erstellt und für Online-Meetings stehen Plattformen wie Adobe Connect oder Cisco WebEx zur Verfügung. Daten werden via Dropbox über die Cloud ausgetauscht ... Die Liste lässt sich mühelos verlängern bis hin zur Moderationssoftware SixSteps*.

*www.sixsteps.com

Doch kein noch so intelligentes Tool kann das Know-how ersetzen, das der Moderator zur Leitung eines Meetings benötigt. Wer die Grundsätze und Regeln missachtet, dem nützt keine Technik, und sei sie noch so raffiniert. Ganz im Gegenteil: Der effektive Einsatz von Medien und Hilfsmitteln – ob nun analog oder digital – wird erst möglich, wenn man weiß, worauf es ankommt.

**Analog versus digital**

Sowohl das Arbeiten mit analogen als auch das Arbeiten mit digitalen Medien hat Vor- und Nachteile: Während die Hauptvorteile analoger Medien in der Unabhängigkeit von Stromquellen, Internet- und Intranet-Anschlüssen, Kompatibilitätsanforderungen, Softwareprogrammen und Servern liegen, bieten digitale Medien vor allem große Flexibilität in der Datenaufbereitung, Datennutzung und im Datenaustausch.

Die gute Nachricht ist: Es ist nicht erforderlich, das eine zu lassen, um die Vorteile des anderen nutzen zu können. Das Optimum erreicht man durch einen geschickten Medienmix!

So in etwa können Sie sich eine analoge Digitalmoderation im Online-Modus vorstellen

# Strukturierung des Arbeitsprozesses

## Die Sachebene

Jedes Gruppengespräch, ob nun in Form eines Workshops oder einer Besprechung, ob live oder online, ob als Teammeeting oder Gespräch beim Kunden, sollte, um effektiv zu sein, strukturiert ablaufen. Es empfiehlt sich, bewusst „step by step" vorzugehen und gezielt einen Schritt nach dem anderen abzuarbeiten.

Ein bewährtes Strukturmodell, an dem man sich „entlanghangeln" kann, ist der Moderationszyklus. Hier das Modell im Überblick:

Abb. 5 – Der Moderationszyklus

■ Phase 1: **Einsteigen**
In der ersten Phase des Moderationszyklus geht es darum, die Teilnehmer zu begrüßen und ihnen Orientierung zur Sache und zum Ablauf zu geben.

Ziel dieser Phase ist es, eine positive und konstruktive Arbeitsatmosphäre zu schaffen.

■ Phase 2: **Sammeln**
Nach der Eröffnung der Besprechung werden die Themen
gesammelt, die besprochen werden sollen.

Liegen bereits vorab gesammelte Tagesordnungspunkte
(TOPs) vor, werden diese abgestimmt und gegebenenfalls
ergänzt.

■ Phase 3: **Auswählen**
Wenn geklärt ist, welche Themen bearbeitet werden sollen,
muss die Gruppe Prioritäten setzen und sich entscheiden,
welches Thema zuerst bearbeitet werden soll. Sie muss ein
Thema auswählen.

■ Phase 4: **Bearbeiten**
Für die eigentliche Themenbearbeitung stehen eine Rei-
he von Methoden zur Verfügung (vgl. Seite 69 f.). Welche
Methode zur Bearbeitung der einzelnen Themen genutzt
werden soll, muss direkt in der jeweiligen Situation geklärt
werden.

Das Bearbeiten der Themen ist häufig eng verbunden mit
dem Planen von entsprechenden Maßnahmen zur Umsetzung der gefundenen Lösungen. Wird dieses Vorgehen ge-
wählt, ist der Übergang zur Phase 5 fließend.

■ Phase 5: **Planen**
Wurden im Rahmen der Themenbearbeitung Maßnahmen
erarbeitet, so werden diese in einem Maßnahmen- oder
Aktionsplan dokumentiert (vgl. Seite 90 f.).

■ Phase 6: **Abschließen**

Die letzte Phase des Moderationszyklus dient dem Abschließen der Gesamtbesprechung. Dies kann mit einem Blick auf die erarbeiteten Maßnahmen erfolgen, auf jeden Fall aber mit einem Dank. Wichtig ist, dass der Abschluss möglichst positiv gestaltet wird (vgl. Seite 118 f.).

Der Moderationszyklus strukturiert das Miteinander

Die ab Seite 25 beschriebenen „11 Gebote der Besprechungsmoderation" sind für den Besprechungsleiter geschrieben und schließen jeweils mit einem Teilnehmertipp ab. Die Abfolge der Gebote ist – soweit möglich – chronologisch aufgebaut: von der Vorbereitung bis zum Abschluss einer Besprechung.

Anmerkung: Die „klassische" Moderation finden Sie ausführlich beschrieben in: Seifert, Josef W.: Visualisieren – Präsentieren – Moderieren. 35. Aufl. Offenbach: GABAL Verlag, 2015

# Die Beziehungsebene

Jedes menschliche Miteinander läuft auf zwei Ebenen ab: einerseits auf der Sach- oder Inhaltsebene und andererseits auf der Gefühls- oder Beziehungsebene. Die Sachebene bezeichnet das, worüber offiziell gesprochen wird, die Sache: ES. Während diese Ebene offensichtlich ist, bleibt die Beziehungsebene (wie stehen wir – ICH und DU – zueinander?) in aller Regel „unter der Oberfläche".

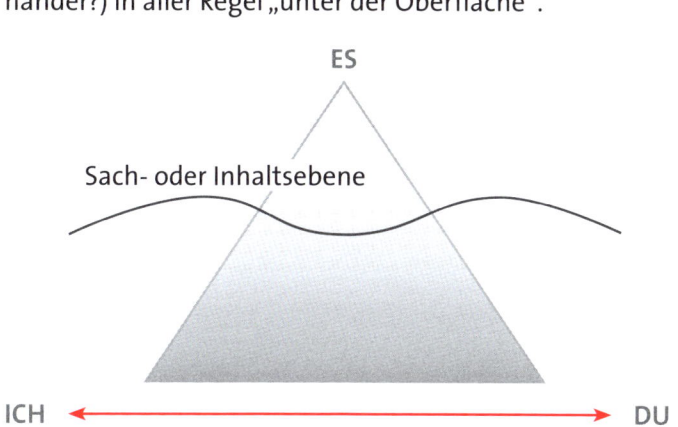

Abb. 6 – Der Kommunikations-Eisberg

Wie bei einem Eisberg schlummert der gewichtigere Teil der Kommunikation unter der Oberfläche. In der Konsequenz bedeutet dies, dass auf der Sachebene nur das möglich ist, was die Beziehungsebene zulässt. Anders ausgedrückt: Wenn man miteinander „nicht kann" (Beziehungsebene), wird in der Sache (Sachebene) nichts oder nicht viel vorangehen ...

Anmerkung: Methoden zur Steuerung des Gruppenprozesses auf der emotionalen Ebene finden Sie ausführlich beschrieben in: Seifert, Josef W.: Moderation & Kommunikation. 8. Aufl. Offenbach: GABAL Verlag, 2011

Da wir es in jeder kommunikativen Situation mit beiden Ebenen zu tun haben, muss der Leiter/Moderator einer Besprechung auch beide Ebenen berücksichtigen! Der im Folgenden vorgestellte Kommunikations-„Werkzeugkasten" bezieht folglich beide Ebenen ein. Zwei Grundsätze vorab:

Ein gutes Klima zwischen den Teilnehmern sowie zwischen dem Moderator und den Teilnehmern ist äußerst wichtig! Planen Sie deshalb ausreichend Zeit für informelle Gespräche ein, um miteinander warm zu werden und sich (näher) kennenzulernen.

Nutzen Sie die skizzierten Methoden (vgl. 5. Gebot Arbeite mit System!), wann immer sie Ihnen hilfreich erscheinen. Lassen Sie dennoch das Gespräch, den rein verbalen Austausch, nicht zu kurz kommen! Aber: Auch Diskussionen sollten als gezielt eingesetzte Methode begriffen werden und nicht als „Niemandsland".

Der Moderator sollte für eine gute Beziehungsebene sorgen!

# 1. Gebot:
# Bereite dich gut vor!

In der Praxis ist meist nicht die Zeit für eine umfassende Vorbereitung oder – besser (ehrlicher?) gesagt – man nimmt sie sich nicht. Der Preis dafür ist in der Regel sehr hoch. Die Zusammenkunft dauert länger als geplant und es kommt nichts oder nicht viel Konkretes dabei heraus. Sich vorzubereiten hat seinen Preis, es nicht zu tun auch!

> *Ein Mensch, dass ich nicht Unmensch sag,*
> *meint, alles kann man, wenn man mag.*
> *Gewiss, doch gibt's da viele Grade,*
> *auch mögen können ist schon Gnade.*
> Eugen Roth

Gute Vorbereitung ist vor allem Willenssache. Man kann seinem Willen aber „unter die Arme greifen", indem man sich grundsätzlich darüber klar wird, was zu einer sinnvollen Vorbereitung gehört. Mit diesen Punkten kann man sich eine persönliche „Checkliste Besprechungsvorbereitung" erstellen und diese dann routinemäßig nutzen. Der zeitliche Vorbereitungsaufwand lässt sich so auf ein Minimum beschränken. Und wenn man genau weiß, dass die Vorbereitung in kurzer Zeit zu leisten ist, und man sich dann sicher sein kann, nichts vergessen zu haben, wird man die Checkliste auch nutzen. Schlicht deshalb, weil sie nützlich ist.

Als Besprechungsleiter sollte man folgende Fragen bei der Vorbereitung klären und diese in seine persönliche Vorbereitungscheckliste einbauen:

- **Worum geht's?** Die Frage nach Anlass, Inhalt und Zielsetzung.

- **Wie will ich die Gruppe zum Ziel führen?** Die Frage nach der geeigneten Methodik.

- **Was muss vorbereitet werden?** Fragen zu Technik und zum äußeren Rahmen, zur Organisation.

- **Worauf muss ich besonders achten?** Oder: Worauf muss besonders ich achten? Die Frage nach dem Allgemeinen und dem Persönlichen.

Der Moderator sollte wissen, wie er die Gruppe zum Ziel führen will

# Checkliste Besprechungsvorbereitung (Beispiel)

■ **Inhaltliche Vorbereitung:**
**Anlass, Thema, Zielsetzung**

- ✔ Aus welchem Anlass findet die Besprechung statt?
- ✔ Worum genau geht es? Was ist das Thema?
- ✔ Wer könnte zum (jeweiligen) Thema welche Position vertreten und welche Interessen/Zwänge/Erfordernisse könnten dahinterstehen?
- ✔ Kann es sein, dass jemand einen Nebenkriegsschauplatz eröffnet? Zu welchem Thema?
- ✔ Weiß ich genug zu den Inhalten und den jeweiligen Zielsetzungen oder muss ich noch etwas in Erfahrung bringen? Was genau sollte ich vorab noch wissen?

■ **Methodische Vorbereitung:**
**Ablauf**

- ✔ Wie werde ich die Gruppe zum Ziel führen?
- ✔ Wie gestalte ich ...
  ... den Einstieg?
  ... die Themensammlung/-abstimmung?
  ... die Prioritätensetzung und/oder Gruppenbildung?
  ... das Bearbeiten von Thema 1/2/3 ...?
  ... das Planen konkreter Maßnahmen?
  ... den Abschluss?
- ✔ Muss ich Visualisierungen erstellen (lassen)? Wovon? Und wie? (Vgl. Seite 69 f. „Methoden" und Seite 56 „Faustregeln".)
- ✔ Kann/muss ich den Teilnehmern vorab Unterlagen zur Verfügung stellen? Welche? Wie?

■ **Organisatorische Vorbereitung: Zeit, Raum, Medien**
Was muss zu Zeit und Raum geklärt werden?

✔ Wann soll die Besprechung stattfinden? Welcher Zeitpunkt ist günstig?
✔ Wie lange soll die Besprechung (maximal) dauern? Wie viel Zeit ist einzuplanen?
✔ Wo soll sie stattfinden? Welche Anforderungen sind an den Raum zu stellen?
✔ Welche Medien brauche ich?
✔ Was kann/muss ich selbst vorbereiten? Was muss ich vorbereiten lassen?
✔ Kann ich mir den Besprechungsraum vorher schon ansehen und ggf. Regieanweisungen für die Einrichtung geben?
✔ Kann ich mich vorab kurz mit den Medien, Lichtverhältnissen etc. im Raum vertraut machen?
✔ Wie muss die Einladung aussehen (vgl. Seite 30 f.)?
✔ Wer versendet wann und wie die Einladung?
✔ Wie erhalte ich Rückmeldung darüber, wer kommen wird und wer nicht kommen kann?

■ **Persönliche Vorbereitung: Teilnehmer, Heimvorteil**

✔ Wer wird mit dabei sein?
✔ Kenne ich die Teilnehmer? Die Namen? Die Funktionen? ...
✔ Gibt es Teilnehmer, mit denen ich nicht wirklich „gut kann"? Woran liegt das? Wie kann ich (professionell) damit umgehen?
✔ Könnte jemand etwas gegen mich haben? Wie kann ich ggf. damit umgehen (vgl. Seite 107 f. „Umgang mit schwierigen Besprechungssituationen")?

- ✔ Worauf muss ich (besonders) achten? Wer reagiert auf welches Thema oder Argument „allergisch"? Welche Begriffe sind negativ belegt? Was „geht gar nicht"?
- ✔ Wie wird die Kleiderordnung sein?

Beim Einsatz von elektronischen Medien ist es möglich, Teile der Vorbereitung am PC oder mobil am Notebook zu erledigen. So kann man den Teilnehmern vorab Unterlagen in einen Webspace oder eine Cloud hochladen, die Moderationsschritte konkret vorbereiten und Einladungen versenden.

Auch Präsentationen können vorbereitet und für die Nutzung in der Besprechung digital hinterlegt werden. Damit sind alle digitalen Unterlagen bereits im Vorfeld „an Ort und Stelle" und dort, wo man sie braucht.

# Die Einladung

In der Regel wird der „Veranstalter" einer Besprechung mit dem Leiter identisch sein. Er wird auch die organisatorische Vorbereitung der Besprechung durchführen bzw. ein Auge darauf haben. Wesentlicher Bestandteil der Organisation ist die Einladung. Hierfür sollten Sie an folgende Punkte denken:

- Halten Sie die Teilnehmerzahl so gering wie möglich, laden Sie nur den ein, der gebraucht wird. Mögliche Kriterien für eine Einladung können sein:

  Der Teilnehmer ...
  ... verfügt über das benötigte Fachwissen;
  ... ist ein erfahrener Problemlöser;
  ... hat Erfahrungen mit ähnlichen Themen und Problemstellungen;
  ... ist (Mit-)Entscheider;
  ... ist von Entscheidungen direkt betroffen;
  ... ist aus „politischen" Gründen unverzichtbar.

- Informieren Sie die Teilnehmer mit der Einladung möglichst genau über alles, was diese wissen müssen, um unnötige Rückfragen zu vermeiden. Fassen Sie sich trotzdem möglichst kurz!

- Verschicken Sie die Einladung rechtzeitig, damit die Empfänger entsprechend planen können.

- Bitten Sie um eine kurze „formlose" Teilnahmebestätigung und gegebenenfalls Nennung zusätzlicher Tagesordnungspunkte (TOPs).

# Checkliste Einladung

Mit einer Checkliste für die Einladung können Sie schnell prüfen, ob Sie auch an alles gedacht haben:

| Info über ... | Muss | Kann |
|---|---|---|
| Zeit | Tag<br>Uhrzeit, geplante Dauer | Pausenregelung |
| Ort | Detailliert (bis zur Raumnummer) | Anreisemöglichkeit, Lageplan, Anfahrtswege, Parkplatz, Telefonnummer, Ansprechpartner |
| Grund | Anlass, Thema | Erläuterung |
| Ziel(e) | Möglichst genaue Zieldefinition (zu jedem TOP) | Begründung,<br>Vorabinfos,<br>Erwartungen |
| Ablauf | Tagesordnung | „Plandaten", wie Referatsdauer, Zeit für Fragen/ Diskussion |
| Beteiligte | Leiter/Moderator<br>Teilnehmer<br>Gäste | Teilnehmer: Name und Funktion, Protokollführer |
| Anmerkun(gen) | Hinweise zur verfügbaren Technik | Situationsbezogene Hinweise |

Abb. 7 – Checkliste Einladung

## Muster – Einladung

Eine Einladung kann sachlich, aber auch persönlich gestaltet sein. Das Wichtigste aber ist, dass sie alle wichtigen Daten enthält. Hier ein Beispiel:

---

### MEET AG

Sehr geehrte Kolleginnen,

hiermit lade ich Sie herzlich zu unserem Bereichsmeeting ein. Hier die Details:

**Anlass:**
Monatliches Bereichsmeeting

**Inhalte:**
Marketingstrategie: Verbesserung & Optimierung
Qualitätsbemessung Produkt A117
Werbeetat-Festlegung für 2021

**Zeit:**
Mittwoch, 22. Oktober 2020
14.00 – ca. 18.00 Uhr

**Ort:**
Besprechungsraum M/Gebäude I, 2. Stock

**Teilnehmer:**
Martin Busch (B)
Hans Eichler (F)
Tina Müller (IM)
Diana Adam (AB)

**Moderation:**
Nadine Weihner

Berlin, 13. 10. 2020
*Uli Schöppel*

Abb. 8 –
Einladung

# Der Teilnehmertipp

Auch als Teilnehmer einer Besprechung sollte man sich – im eigenen Interesse – gut vorbereiten. Die Effektivität der Besprechung hängt zwar in hohem Maße vom Moderator ab. Andererseits aber auch von der Bereitschaft und Möglichkeit zur aktiven und konstruktiven Mitarbeit als Teilnehmer.

Als Teilnehmer sollte man für sich folgende Fragen checken:

- Wann und wo findet die Besprechung statt?

- Welcher zeitliche Rahmen ist geplant?

- Worum wird es konkret gehen?

- Wer wird außer mir noch da sein? Muss ich auf spezielle Fragen oder Argumente gefasst sein?

- Aus welchem Grund wurde ich eingeladen, was wird von mir erwartet, weshalb und wozu soll ich dabei sein?

- Will ich dabei sein? Oder muss ich dabei sein?

- Muss ich über die gesamte Zeit dabei sein oder kann ich meine Anwesenheit auf die für mich wesentlichen Tagesordnungspunkte beschränken?

- Vertrete ich mich, mein Team oder mein Unternehmen? Oder ein spezielles Produkt?

- Kenne ich meine Aufgaben und Ziele für diese Besprechung genau?

■ Muss ich etwas vorbereiten, wenn ja, was?

   ✔ Zahlenmaterial?
   ✔ Neuester Stand von ...?
   ✔ Muster/Anschauungsmaterial?
   ✔ Visualisierungen auf Flipcharts oder digital?
   ✔ Muss/kann ich vorab schon etwas in einen
      Webspace hochladen?

■ Welche Medienausstattung wird mir zur Verfügung
stehen? Womit kann ich rechnen?

■ Muss oder sollte ich das eine oder andere Thema mit
Vorgesetzten und/oder Kollegen vorab besprechen?

■ Sollte ich vorab einen der Teilnehmer kontaktieren?
Wen? Mit welcher Zielsetzung?

Manchmal ist es ratsam, sich mit Vorgesetzten oder Kollegen vorab über Sachverhalte und Argumentationslinien zu verständigen, um die Sichtweisen und Wünsche etc. anderer besser abschätzen zu können. So verhindert man, in der Besprechung improvisieren zu müssen.

# 2. Gebot:
# Beginne positiv!

Für einen positiven Einstieg sollte der Besprechungsleiter/-moderator etwas „für den Bauch" tun, d.h., es ist wichtig, ein positives Klima für die gemeinsame inhaltliche Arbeit zu schaffen. Das geht in aller Regel vor dem offiziellen Beginn leichter als danach. Das sprichwörtliche Gespräch übers Wetter kann hier gute Dienste tun. Ziel dieser

Phase ist es, die Teilnehmer auch psychisch „da sein" zu lassen. Wer kennt nicht die Situation, dass man irgendwo ankommt, um gleich von wohlmeinenden „Geistern" mit allem Möglichen und Unmöglichen konfrontiert zu werden? Man ist zwar physisch schon anwesend, braucht jedoch etwas Zeit, um auch psychisch wirklich da zu sein. In der Anfangsphase einer Besprechung ist dies sehr ähnlich. Jeder Einzelne muss erst einmal „ankommen" und seine Aufmerksamkeit auf die nun anstehende Aufgabe lenken.

Nach diesem „Anfang vor dem Anfang" beginnt die Veranstaltung. Ist diese für 9.00 Uhr angesagt, so beginnt sie auch um 9.00 Uhr und nicht um 9.05 Uhr oder 9.12 Uhr. Die Anwesenden waren pünktlich und das muss belohnt werden! Im Übrigen stellen sich die Teilnehmer auf diese Weise darauf ein, pünktlich zu sein!

Je knapper der Kontakt vor dem Beginn war, desto persönlicher sollten die Eröffnungsworte sein.

Wenig positiv sind Einstiege wie:

- „Ich freue mich, dass Sie so zahlreich erschienen sind."

- „Können wir anfangen? Also, es geht heute um ..."

- „Herr Meier, wenn Sie vielleicht erst mal die Zahlen von letzter Woche ..."

Besser sind Einstiege wie:

- „Schön, dass Sie (alle) kommen konnten, damit sind wir voll arbeitsfähig – danke. Was führt uns heute zusammen? Sie wissen vielleicht schon ..."

- „Schön, dass Sie kommen konnten, ich bin sicher, wir werden heute ..."

- „Ich bin froh, dass wir jetzt (endlich) Gelegenheit haben, ein paar wichtige Dinge zu besprechen. Es geht heute um ..."

- „Herzlich willkommen: Schön, dass Sie da sind! Gibt es etwas zu fragen oder den anderen mitzuteilen, bevor wir starten?"

- „Es ist 9.00 Uhr, wir legen los. Guten Tag nochmals in die Runde und herzlich willkommen. Vielleicht klären wir erst, was heute ansteht – o. k.?"

Die Orientierung der Teilnehmer sollte gezielt durch Visualisierung unterstützt werden. Dies kann durch ein Flipchart ebenso erfolgen wie durch eine Darstellung am Touch-Screen, auf dem Anlass und Ziel des Treffens für alle sichtbar sind.

# Der Teilnehmertipp

Je vertrauter man mit jemandem ist, desto leichter kann man sich bekanntermaßen mit dieser Person austauschen. Für die Besprechungspraxis bedeutet dies, dass es äußerst sinnvoll ist, sich mit den anderen Teilnehmern möglichst vorab, spätestens aber zu Beginn der Besprechung vertraut zu machen. Alle Teilnehmer sollten sich kurz vorstellen und sich die Namen der anderen Teilnehmer einprägen, um diese im Verlauf der Besprechung gegebenenfalls mit ihrem Namen ansprechen zu können.

Meist hat man vor Veranstaltungsbeginn die Gelegenheit, ein paar Worte zu wechseln. Sollten Sie nicht alle Anwesenden kennen, scheuen Sie sich nicht um eine kurze Vorstellungsrunde zu bitten: „Ich weiß nicht, wie es den andern geht, aber ich kenne nicht alle Anwesenden. Wäre es möglich, dass wir uns ganz kurz vorstellen? Vielleicht nur mit Name und Funktion, das wäre schon sehr hilfreich."

Eine Alternative dazu ist es, sich beim ersten eigenen Redebeitrag selbst ganz kurz vorzustellen und so mit gutem Beispiel voranzugehen.

Auch methodisch ist es wichtig, von Anfang an seine eigenen Vorstellungen/Wünsche kundzutun und die Dinge nicht nur geschehen zu lassen, denn:

**Duldung wird als Zustimmung interpretiert!**

# 3. Gebot:
# Lege das Ziel fest!

Nach der Begrüßung geht es darum, die Tagesordnungspunkte abzustimmen und die jeweilige Zielsetzung abzuklären. Gemäß dem Motto „Wir wissen zwar nicht, wohin wir wollen, das aber mit ganzer Kraft!" wird häufig einfach drauflosgearbeitet, ohne zu wissen, worum es konkret geht.

Die inhaltliche Arbeit sollte auf keinen Fall beginnen, bevor nicht Konsens über die Zielsetzung der Besprechung besteht. Es genügt nicht, dass jeder (vermeintlich) „sowieso weiß", worum es geht. Das gemeinsam formulierte Ziel wird als Thema visualisiert und ist der rote Faden für die Bearbeitung und für die Leitung der Besprechung.

Bei der Festlegung des Ziels ist es Aufgabe des Besprechungsleiters, die unterschiedlichen Zielebenen zu differenzieren. Häufig wird der Fehler gemacht, die mittel- oder langfristigen Ziele, die angestrebt werden, mit den Besprechungszielen zu verwechseln. Dies führt zwangsläufig zu ineffektiven Besprechungen. Es ist deshalb hilfreich, die folgenden drei Zielebenen zu unterscheiden:

■ Erste Zielebene: mittel- oder langfristige(s) Ziel(e)
■ Zweite Zielebene: Besprechungsziel(e)
■ Dritte Zielebene: Phasenziel(e)

Bevor wir uns nun im Folgenden diese drei Zielebenen genauer ansehen, halten wir fest, wie ein Ziel formuliert werden sollte.

**Ein gut formulierte Ziel ist:**

- **realistisch**     also nach „realistischer Einschätzung" erreichbar

- **messbar**     das bedeutet, dass ich feststellen kann, wann ich das Ziel erreicht habe

- **positiv**     so formuliert, dass es motivierend wirkt

# Erste Zielebene: mittel- oder langfristige(s) Ziel(e)

Wenn eine Besprechung stattfindet, so gibt es hierfür einen Grund. Sie ist notwendig und der effektivste Weg, um ein bestimmtes Ziel zu erreichen.

Besprechungen können zum Beispiel stattfinden, weil die Notwendigkeit besteht, die Fehlzeiten zu senken, die Qualität im Fertigungsbereich X zu steigern oder die Lieferzeiten zu senken. Das Ziel der Besprechung allerdings ist ein anderes und von diesen Anlässen zu unterscheiden!

Wenn wir die oben genannten Gütekriterien für Ziele berücksichtigen, kann es nicht Ziel einer Besprechung sein, die Qualität im Bereich X zu erhöhen oder die Besuchsfrequenz des Außendienstes zu steigern, da wir dies im Rahmen der Besprechung nicht erreichen können. Diese Ziele sind vielmehr lang- oder mittelfristige Ziele, zu deren Erreichung die Besprechung beitragen soll.

## Zweite Zielebene: Besprechungsziel(e)

Das oder die Besprechungsziel(e) müssen (spätestens) am Ende der Besprechung erreicht sein! Hilfreiche Formulierungen dazu könnten etwa sein:

■ Bis zum Ende der Besprechung ...

> ... haben wir beschlossen, wie die Fehlzeiten bis wann auf welche Quote gesenkt werden sollen.

> ... ist geklärt, was getan wird, um die Besuchsfrequenz des Außendienstes zu erhöhen.

> ... wissen wir, auf welche Art und Weise wir sicherstellen werden, dass künftig von unseren Vertriebsleuten gegenüber Kunden nur noch realistische Lieferzusagen gemacht werden.

> ... haben wir geklärt, wer zur Bewältigung des Projektes „Elektronische Belegverwaltung" welche Aufgaben erledigen wird.

Derartig präzise Zielformulierungen ermöglichen eine eindeutige Erfolgskontrolle am Ende der Besprechung und im Rahmen der persönlichen Nachbereitung. Sie können auch als Basis für die nächste Besprechungsplanung herangezogen werden.

# Dritte Zielebene: Phasenziel(e)

Jede gut moderierte Besprechung besteht aus mehreren Phasen (vgl. Seite 20 f.). Dies ermöglicht klar strukturiertes und effektives Arbeiten. Erliegen Sie nicht der Versuchung, zwei Schritte auf einmal machen zu wollen. Auch wenn einzelne Teilnehmer Druck aufzubauen versuchen, sollten Sie Schritt für Schritt vorgehen und Punkt für Punkt abarbeiten.

Alle Phasen der Besprechungsmoderation bauen aufeinander auf, und jede Phase erfordert das Erreichen der Ziele der vorhergehenden Phase.

Diese Zielordnung gibt eine klare Arbeitsstruktur vor, an der Sie sich als Moderator „entlanghangeln" können.

Hinweise zur Methodik, die Sie innerhalb des jeweiligen Moderationsschrittes nutzen können, finden Sie im 5. Gebot „Arbeite mit System" (Seite 59 f.). Hier nun der Überblick in Anlehnung an den (schon auf Seite 20 erläuterten) Moderationszyklus am Beispiel zweier Tagesordnungspunkte: Es gibt einen Einstieg, ein Sammeln und ein Auswählen, aber so viele Bearbeitungs- und Planungsschritte wie TOPs. Das Abschließen gibt es wiederum nur einmal.

# Die Phasenziele

Beispiel für zwei TOPs

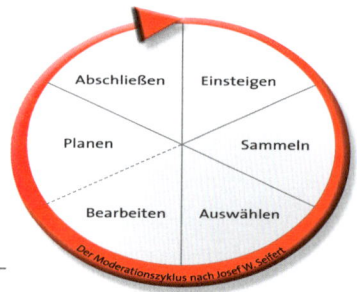

| Phase | Teilschritt | Ziele |
|---|---|---|
| **1 Einsteigen** | Begrüßung | Wir haben eine konstruktiv-positive Arbeits-atmosphäre |
| | Orientierung | Wir haben Orientierung über Anlass, Zielsetzung und Ablauf |
| **2 Sammeln** | – | Wir wissen, an welchen Themen gearbeitet werden soll/muss |
| **3 Auswählen** | – | Wir wissen, in welcher Reihenfolge die Themen bearbeitet werden sollen |
| **4 Bearbeiten** Top 1 | Ziel vereinbaren | Wir haben die Zielsetzung für TOP 1 festgelegt |
| | Methodik festlegen | Wir wissen, wie wir zur Bearbeitung von TOP 1 vorgehen werden |
| | Thema erarbeiten | Wir haben das Thema der Zielsetzung gemäß bearbeitet |
| **5 Planen** Top 1 | – | Wir haben festgelegt, wer was bis wann tut |
| 4 Bearbeiten Top 2 | Ziel vereinbaren | Wir haben die Zielsetzung für TOP 2 festgelegt |
| | Methodik festlegen | Wir wissen, wie wir zur Bearbeitung von TOP 2 vorgehen werden |
| | Thema erarbeiten | Wir haben das Thema der Zielsetzung gemäß bearbeitet |
| 5 Planen Top 2 | – | Wir haben festgelegt, wer was bis wann tut |
| **6 Abschließen** | Reflexion | Wir wissen, wie zufrieden der Einzelne mit der gemeinsamen Arbeit ist |
| | Verabschiedung | Wir haben die gemeinsame Arbeit positiv abgeschlossen |

# Der Teilnehmertipp

Unklarheit bezüglich der eigenen Ziele ist eine weitverbreitete „Krankheit". Viele meinen, man könne ja aus der jeweiligen Situation heraus agieren. Doch:

> *Wer etwas Großes will, der muss sich*
> *zu beschränken wissen; wer dagegen alles will,*
> *der will in der Tat nichts.*
> Georg Wilhelm Friedrich Hegel

Mit anderen Worten: Auch als Teilnehmer sollten Sie sich vorab über Ihre Ziele im Klaren sein (vgl. Seite 25 f.). Sollte der Moderator „einfach drauflosarbeiten" wollen, ohne vorher eine Zielvereinbarung herbeizuführen (vgl. Seite 42 – Phase 4), sollten Sie diese einfordern. Sie könnten dies zum Beispiel mit den Worten tun:

- „Sollten wir nicht erst das Ziel festlegen, bevor wir loslegen?"

- „Entschuldigen Sie bitte, aber mir ist noch nicht ganz klar, was wir jetzt eigentlich erreichen wollen – könnten wir das kurz klären?"

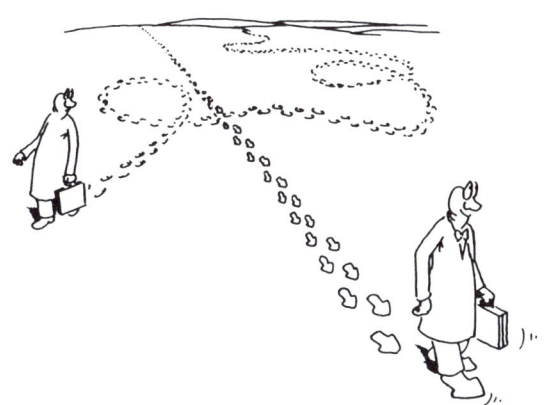

# 4. Gebot:
# Visualisiere für alle sichtbar mit!

In Gruppengesprächen wird viel geredet, aber meist leider wenig visualisiert. Dabei ist Visualisierung der „Klebstoff", der das gemeinsam erarbeitete Puzzle zusammenhält.

Die (Haupt-)Aufgabe des Moderators ist es, die Aktivitäten der Gruppe zu bündeln und auf das Ziel auszurichten. Dazu muss er die Aufmerksamkeit der Teilnehmer ständig auf den Punkt lenken, auf den es im jeweiligen Moment ankommt. Dies gelingt am leichtesten durch konsequentes und für alle sichtbares (Mit-)Visualisieren.

> Für alle sichtbares (Mit-)Visualisieren wirkt wie ein „Brennglas". Es konzentriert die Kräfte auf den jeweils wichtigsten Punkt!

Neben dem Hauptanliegen, die Aufmerksamkeit zu konzentrieren, hilft konsequentes Visualisieren auch, andere Klippen zu umschiffen. Ein kleines Experiment dazu:

Lehnen Sie sich jetzt für eine Minute zurück, und **stellen Sie sich eine Uhr vor!**

*!!! Bitte lesen Sie erst danach weiter !!!*

Nun, was haben Sie in Ihrer Vorstellung gesehen? Eine Armbanduhr, eine Sanduhr, eine Sonnenuhr, eine Kirchturmuhr? Eine Analoguhr oder eine Digitaluhr?

Wie dieses einfache Experiment zeigt, sind Worte nicht immer eindeutig. Es ist also sinnvoll, sie zu präzisieren, um zu vermeiden, dass man aneinander vorbeiredet. Denn nach der Besprechung sollte es nicht heißen: „Ja, wenn ich gewusst hätte, dass Sie das so meinen, dann hätte ich natürlich ..." oder „Das habe ich aber ganz anders verstanden!".

**Visualisierung zwingt zur Präzisierung und hilft Missverständnisse zu vermeiden!**

Gesprochene Worte „verflüchtigen" sich rasch, es kann nur schwer darauf zurückgegriffen werden! In Besprechungen hört man viele Gedanken, interessante Argumente ... Leider hat man diese nach kurzer Zeit nicht mehr präsent. Die Lösung lautet: Visualisierung!

Visualisierung macht das Gesagte verfügbar!

# Die Medien

Zur Visualisierung benötigen wir Medien. Nutzen Sie sowohl als Leiter als auch als Teilnehmer unbedingt die Macht der Medien!

Zur Besprechungsmoderation eignen sich besonders:

- Flipchart
- Overheadprojektor
- Notebook und Beamer
- Whiteboard/Copyboard
- Touch-Board/Touch-Monitor

Die Visualisierungsmedien für die Besprechung lassen sich dabei grob wie folgt unterteilen:

- klassische analoge Medien
- elektronische Medien

Während die klassischen Medien unabhängig von Stromversorgung und Internetanbindung sind und zu jeder Zeit genutzt werden können, bieten die elektronischen Medien die Möglichkeit, Inhalte „in Echtzeit" zu digitalisieren und/oder digital verfügbare Inhalte zu nutzen bis hin zur Option der ortsunabhängigen Vor- und Nachbereitung des kompletten Meetings.

Im Folgenden werden die genannten Medien kurz skizziert.

## Das Flipchart

Alles andere als neu, aber immer noch sehr verbreitet: das Flipchart. Es ist ein pragmatisches Medium zur Visualisierung von Besprechungen.

Der Nachteil im Vergleich zu Pinnwand, Whiteboard oder Touch-Monitor ist, dass das Flipchart nur recht wenig Visualisierungsfläche bietet. Aber es gibt auch größere Flipcharts und notfalls darf man auch mal kreativ sein und zwei „Flips" nebeneinanderstellen oder ein Doppel-Flipchart verwenden! Nutzt man zusätzlich einen „Post-it-Adhäsiveklebestift"*, so kann man am Flipchart arbeiten wie an jeder normalen Pinnwand (vgl. Seite 64).

■ Mit dem Flipchart lassen sich Visualisierungen für die Besprechung vorbereiten – seien es Methodenraster (vgl. Seite 69 f.) oder Kurzpräsentationen. Flipcharts lassen sich zudem leicht transportieren und überall einsetzen (auch ohne Stromversorgung).

■ Die Visualisierungsfläche ermöglicht den Einsatz von Moderationsmethoden auch ohne Pinnwand.

Auch moderne Tisch-Flipcharts sind für Moderationen nur sehr bedingt geeignet

---

*Siehe etwa „Haftklebestift" unter www.moderatorenshop.de

■ Es können Gedanken spontan für alle sichtbar mitvisualisiert und gemeinsam weiterentwickelt werden.

■ Die einzelnen Blätter können abgenommen und für alle sichtbar aufgehängt werden, sodass simultan damit weitergearbeitet werden kann.

■ Vorbereitete Visualisierungen können jederzeit in den Arbeitsprozess einfließen und sind für alle Teilnehmer während der gemeinsamen Arbeit sichtbar.

■ Visualisierungen können auf einfache Art und Weise protokolliert und archiviert werden.

**Zur Handhabung**

■ Benutzen Sie festes, weißes Papier, das nicht durchscheint!

■ Schreiben Sie in Druckschrift, groß und gut leserlich! Verwenden Sie nur zwei Schriftgrößen und -farben!

■ Halten Sie alle beschriebenen Seiten möglichst sichtbar! Kleben Sie sie einfach nebeneinander an eine Wand des Besprechungsraumes!

Abb. 10 – Flipchart

# Der Overheadprojektor

Technologisch schon etwas „angestaubt", aber dennoch hin und wieder im Einsatz: der Tageslicht- oder Overhead-projektor. Er ist als Medium leider nicht so gut, wie die Häufigkeit seines Einsatzes vermuten lässt. Zweckmäßig eingesetzt ist er (nur) zur

- Visualisierung komplexer Inhalte, wenn die Herstellung eines Flipcharts zu aufwendig wäre. So kann man zum Beispiel mit jedem Kopiergerät relativ problemlos eine Folie von einem Foto herstellen. Wollte man von einem Foto ein Flipchart erzeugen, wäre dies nur mit sehr hohem Aufwand möglich.

- Visualisierung komplexerer Inhalte „aus dem Stand". Wenn beispielsweise ein Organigramm, ein Netzplan etc. im DIN-A4-Format vorliegt und nun „spontan" für alle sichtbar visualisiert werden soll, ist der Gang zum nächsten Kopierer in der Regel weniger zeitaufwendig, als etwa ein Flipchart zu malen.

- Visualisierung vor einem großen Teilnehmerkreis, der mit einem Flipchart nicht mehr erreicht werden kann.

Als alleiniges Medium für Visualisierungen im Rahmen der Besprechungsmoderation eignet sich der Overheadprojektor nicht, denn:

Abb. 11 – Overheadprojektor

- Die Visualisierungen können nicht sichtbar gehalten werden. Für jedes neue Blatt muss das vorherige weichen. Oftmals ergibt sich dadurch ein „logistisches" Problem.

- Es kann immer nur eine Darstellung gezeigt werden. Für jede weitere Darstellung wäre ein zusätzliches Gerät erforderlich. Mit mehr als zwei Geräten gleichzeitig zu arbeiten ist aber wegen der damit verbundenen Geräusch- und Wärmeentwicklung wenig sinnvoll. Es dürfte in aller Regel auch ein Platzproblem werden.

- Man ist gezwungen, in eine helle Fläche zu schauen, was leicht ermüdend wirkt.

**Zur Handhabung**

- Machen Sie sich vorab mit dem Gerät vertraut, das Sie benutzen werden!

- Arbeiten Sie mit einem möglichst leisen Gerät, das eine gute Lichtleistung hat!

- Versuchen Sie einen Platz für das Gerät zu finden, bei dem möglichst alle Teilnehmer eine gute Sicht zur Projektionsfläche haben; ideal ist es, wenn Sie das Bild oberhalb Ihres Kopfes projizieren!

- Kündigen Sie jede Folie an, bevor Sie sie zeigen!

- Erläutern Sie jede Folie in aller Ruhe, bis Sie den Eindruck haben, die Information ist bei allen Anwesenden angekommen!

## Notebook und Beamer

Der Beamer ist als reines Projektionsgerät auf eine Daten-
quelle, in aller Regel in Form eines Rechners, angewiesen.
Er ist das gängige Medium zur Präsentation von Informationen. Dennoch hat auch diese Lösung Vorteile und
Nachteile:

**+** Große Mengen an Information können abgespeichert
werden und stehen jederzeit zur Verfügung.

**+** Auch sehr komplexe Darstellungen können leicht visualisiert werden.

**+** Die Inhalte können leicht neu geordnet werden.

**+** Eine komplette Präsentation kann per E-Mail versandt
werden.

**–** Weniger hilfreich ist der bekannte „Diavorführeffekt":
Projektionsmedien wie der Beamer ermüden die Be-
trachter leicht.

**–** Die technischen Möglichkeiten verleiten gerne zum
„Überpowern" der Darstellungen und des Ablaufs.

**–** Darstellungen können nicht sichtbar gehalten werden.
Oftmals ergibt sich dadurch schnell ein „Memoryprob-
lem" beim Publikum.

**–** Es kann immer nur
eine Darstellung gezeigt
werden.

Abb. 12 – Laptop & Beamer

## Zur Handhabung

■ Sollten Sie projizieren bzw. präsentieren, so prüfen Sie – wenn Sie nicht mit Ihrer persönlichen Komplettausstattung arbeiten – die Kompatibilität von Computer und Beamer.

■ Wenn Sie mit geliehener Hardware arbeiten, machen Sie sich so gut wie möglich mit der Handhabung der Geräte vertraut.

■ Berücksichtigen Sie bei der Arbeit mit elektronischen Medien die Anlaufzeit der Geräte, die in aller Regel ja nicht sofort nach dem Einschalten funktionsbereit sind.

■ Wenn Sie das Notebook zur Protokollierung der gemeinsamen Arbeit nutzen, arbeiten Sie mit gängigen oder den organisationstypischen Programmen, dann kann die Datei ggf. auch von jemand anderem weiterbearbeitet werden. Beim Einsatz von Meeting-Management-Software wie etwa SixSteps entsteht das Protokoll „automatisch" in der richtigen Form.

Auch Präsentationen mit elektronischen Medien sollten eine persönliche Note haben

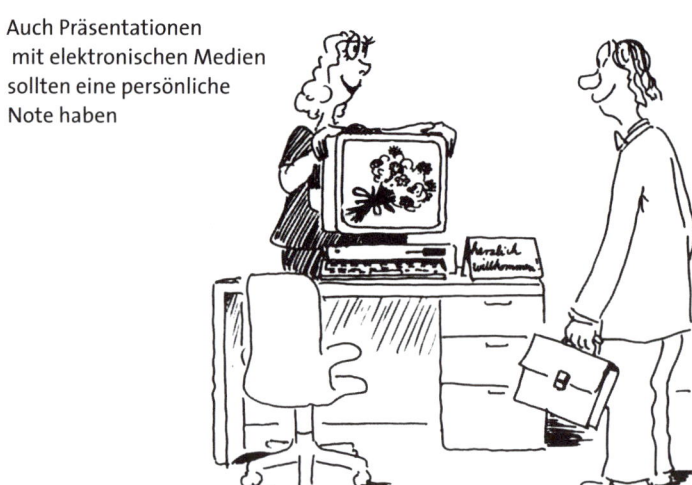

## Whiteboard/Copyboard

Besprechungsräume sind häufig auch mit einem White-oder Copyboard ausgestattet.

Das Whiteboard ist eine weiße, kunststoffbeschichtete Tafel – vergleichbar mit der guten alten Schultafel, nur eben in Weiß. Das Board ist fest an der Wand montiert oder auf einem Rollgestell angebracht, sodass man es im Raum bewegen kann. Es wird mit speziellen wasserlöslichen Stiften beschriftet, so kann man die aktuelle Visualisierung mit einem (trockenen) Schwamm leicht wieder löschen.

Ein Whiteboard kann mit einem Digital Whiteboard Recorder ausgestattet/nachgerüstet werden, der es ermöglicht, die Visualisierungen auf einen PC zu übertragen, bevor sie abgewischt werden.

Das Copyboard ist dem Whiteboard sehr ähnlich. Statt auf eine weiße Kunststofffläche schreibt man auf eine weiße Kunststofffolie. Die Besonderheit des Copyboards ist, dass sich die Folie per Knopfdruck nach links oder rechts in einen Speicher einrollen lässt, ohne dass die aktuelle Visualisierung gelöscht werden muss. Auf diese Weise können mehrere Darstellungen „gespeichert" und beliebig oft wieder „hervorgezaubert" werden. Das Copyboard ist mit einem Scanner und einem Minidrucker ausgestattet, sodass jede Darstellung auf einem DIN-A4-Papier ausgedruckt werden kann.

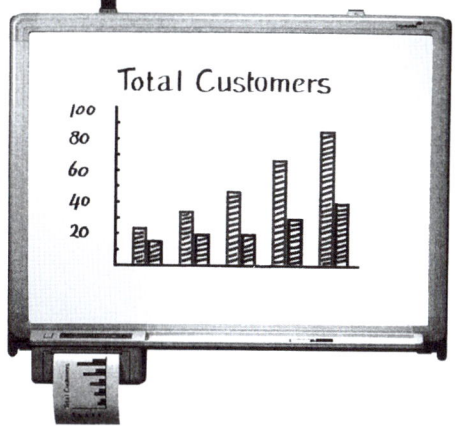

Abb. 13 – Copyboard

Beide Medien gibt es in unterschiedlichen Größen, von circa DIN-A1 bis DIN-A0 quer oder auch noch breiter.

Die Vor- und Nachteile beider Medien sind ähnlich:

**+** Es steht eine relativ große Visualisierungsfläche zur Verfügung.

**−** Visualisierungen können nur in sehr begrenztem Umfang vorab erstellt werden.

**−** Es kann immer nur eine Visualisierung gezeigt werden.

**Zur Handhabung**

■ Prüfen Sie – wenn Sie nicht mit Ihrer persönlichen Komplettausstattung arbeiten – die Kompatibilität von Computer und Board!

■ Prüfen Sie, ob der Einsatz von Farben für das Protokoll genutzt werden kann: Das Copyboard liefert oft nur Schwarz-Weiß-Ausdrucke.

## Touch-Board/Touch-Monitor

Die Touch-Technologie schlägt in der Besprechung die Brücke zwischen analogem Arbeiten mit Papier und digitalem Arbeiten mit elektronischen Medien.

Ein Touch-Board ist ein „Whiteboard mit sensitiver Oberfläche". Es ist mit einem Kurzdistanz-Beamer ausgestattet, der direkt am Board montiert ist. So entsteht eine interaktive Touch-Fläche, die benutzt werden kann wie die Oberfläche eines Tablet-PC.

Abb. 14 – Touch-Board

Ein Touch-Monitor ist ein großer Fernseher mit interaktiver Touch-Funktionalität. Er wird benutzt wie ein Touch-Board. Der Screen realisiert allerdings eine höhere Auflösung als ein Board und wirkt eleganter.

Die maximale Größe dieser Visualisierungsmedien reicht an die 100 Zoll heran. Sollte eine noch größere Visualisierungsfläche benötigt werden, müssten zwei Boards/Monitore zum Einsatz kommen. Dies ist in aller Regel aber nicht der Fall.

Beide Geräte sind sowohl Eingabe- als auch Ausgabegeräte für einen angeschlossenen Rechner. Es ist also jeweils ein PC mit entsprechender Softwareausstattung erforderlich. Für die Nutzung webbasierter Anwendungen muss zudem ein Internetanschluss verfügbar sein.

**Zur Handhabung**

- Grundsätzlich gilt: Machen Sie sich vorab mit den Geräten vertraut, die Sie in der Besprechung nutzen möchten.

- Wenn Sie für Ihre Visualisierung Internetzugang benötigen, testen Sie diesen vorab!

- Widerstehen Sie der Versuchung, sitzend zu arbeiten! Stellen Sie sich neben das Board oder den Monitor und führen Sie die Teilnehmer durch die Visualisierungen!

Abb. 15 – Touch-Monitor

# Einige Faustregeln für Visualisierung & Kurzpräsentation

1. Arbeiten Sie mit möglichst wenig Schriftgrößen! In aller Regel genügen zwei Größen.

2. Setzen Sie möglichst wenig Schriftfarben ein! In aller Regel genügen zwei Farben.

3. Verwenden Sie unbedingt serifenlose Schriften (Schriften ohne Schnörkel) wie etwa Arial, diese sind leichter zu lesen!

4. Arbeiten Sie mit wenigen Animationen, denn eine Vielfalt von Effekten lenkt leicht von Ihren Inhalten ab!

5. Verzichten Sie auf vorgefertigte Cliparts! Wenn Sie gerne Comics oder Zeichnungen einsetzen wollen, lassen Sie diese von einem Karikaturisten erstellen oder zeichnen Sie sie selbst!

6. Gönnen Sie jeder Visualisierung eine Überschrift – das erleichtert den Teilnehmern die Orientierung!

7. Überfrachten Sie einzelne Darstellungen nicht – weniger ist (meist) mehr!

8. Geben Sie grundsätzlich zunächst einen kurzen Überblick! Was werden Sie im nächsten Schritt erörtern, zeigen, präsentieren? Zeigen Sie vorab eine Gliederung/Agenda!

9. Ein Bild sagt mehr als tausend Worte! So abgedroschen es klingt, so wahr ist es. Nutzen Sie die Macht der Bilder!

10. Sagen Sie am Ende Ihrer Ausführungen, was Sie von den Teilnehmern erwarten: Stellen Sie eine Frage oder enden Sie mit einem Appell!

Grundsätzlich sollten Sie Präsentationen im Rahmen von Besprechungen so „kurz und knackig" halten wie irgend möglich! Fünf bis zehn Minuten sollten genügen, ansonsten wird die Besprechung zur Präsentationsveranstaltung.

Prinzipiell gilt: Nicht im Hinzufügen, sondern im Weglassen liegt die Kunst! Eine Information ist dann optimal aufbereitet, wenn man nichts mehr weglassen kann!

Übrigens: Eine digitale Präsentation sollten Sie – zumindest, wenn sie unverzichtbar ist – für den Fall der Fälle immer auch als Handout-Version dabeihaben!

# Der Teilnehmertipp

Nutzen Sie als Teilnehmer selbst die zur Verfügung stehenden Möglichkeiten zur Visualisierung und regen Sie Visualisierung an!

Bereiten Sie (händische oder elektronische) Folien oder Flipcharts vor und nutzen Sie diese zur Darstellung Ihrer Inhalte. Beachten Sie hinsichtlich der Verständlichkeit folgende Punkte:

- **Einfachheit**
  Benutzen Sie einfache Worte, vermeiden Sie „Fachchinesisch" und bilden Sie kurze Sätze!

- **Gliederung/Ordnung**
  Arbeiten Sie mit Überschriften und Unterpunkten! Gliedern Sie Ihre Gedanken! Arbeiten Sie mit einer Agenda!

- **Kürze/Prägnanz**
  Sagen Sie direkt und in knapper Form, was Sie sagen möchten!

- **Zusätzliche Stimulanz**
  Nutzen Sie Skizzen, Diagramme, Karikaturen etc. zur Auflockerung!

# 5. Gebot:
# Arbeite mit System!

Niemand käme auf die Idee, ein Haus zu bauen, ohne vorher einen Plan dafür zu machen. In Besprechungen wird häufig zuerst das Haus gebaut, und manch einer wundert sich am Ende, dass (wieder einmal) nichts Konkretes herausgekommen ist. Hier ist der Moderator aufgerufen, darauf zu achten, dass nach Thema und Ziel auch der Weg verabredet wird, der zur Themenbearbeitung beschritten werden soll. Erst im Anschluss an eben diese Absprache wird das Thema bearbeitet.

Zur Strukturierung eines Gruppengespräches hat sich das sechsstufige Vorgehen nach dem Moderationszyklus bewährt (vgl. Seite 20 f. und 42).

Für jeden der Moderationsschritte gibt es Methoden, die Sie nutzen können. Diese Methoden sind „geronnene Moderationserfahrung". Damit nicht jeder (Besprechungs-)Moderator das Rad neu erfinden muss, kann er darauf zurückgreifen. So lassen sich Besprechungen gut standardisieren und der dafür erforderliche Aufwand kann minimiert werden.

Im Folgenden sind die Arbeitsmethoden dargestellt, die in den einzelnen Arbeitsphasen **Einsteigen**, **Sammeln**, **Auswählen**, **Bearbeiten**, **Planen** und **Abschließen** genutzt werden können:

# 1 Einsteigen

In der Einstiegsphase geht es darum, allen Teilnehmern eine klare Orientierung zu geben. Das Mindeste, was hierzu methodisch erforderlich ist, sind ein oder zwei „Orientierungsflips", die den Anlass und die Zielsetzung des Treffens für alle sichtbar machen. Darüber hinaus sollte der Zeitplan abgestimmt werden.

Wenn im Vorfeld keine Zeit war, diese Angaben konkret zu fassen, oder dies aus inhaltlichen Gründen noch nicht möglich war, so muss es jetzt als erster Schritt der gemeinsamen Arbeit nachgeholt werden. Dies ist das Fundament, auf dem die weitere Arbeit aufbaut.

Daher müssen diese Eckdaten mit allen Anwesenden kurz abgestimmt und gegebenenfalls nachgebessert werden.

Abb. 16 – Eröffnungsflip

61

# 2 Sammeln

## A) Abfrage auf Zuruf

Die zweite Besprechungsphase dient dem Sammeln bzw. Abstimmen und gegebenenfalls Ergänzen der Themen/Tagesordnungspunkte (TOPs), die besprochen werden sollen. Hierzu eignet sich in der Besprechungsmoderation insbesondere die Abfrage auf Zuruf.

Bei der Abfrage auf Zuruf wird eine vom Moderator gestellte und visualisierte (!) Frage auf Zuruf beantwortet. Der Moderator visualisiert die ihm von den Teilnehmern zugerufenen Antworten an Flipchart oder Touch-Screen mit. Auf diese Art und Weise entsteht eine Liste der zu bearbeitenden Themen. Sind die TOPs, zum Beispiel aus der Einladung, bereits bekannt, so müssen diese zumindest nochmals genannt und gegebenenfalls ergänzt werden. In diesem Falle ist die Zurufliste – zumindest zum Teil – vorab schon gefüllt.

**Worüber müssen wir heute sprechen?**

- Budgetplanung

- Besprechungsmedien

- Reklamationen - Trend

- Vertretungsregelung für Frau Grün

- A3-Flyer

- Web

Abb. 17 – Abfrage auf Zuruf

## B) Abfrage mit Karten

Bei der Karten-Abfrage beantworten die Teilnehmer die vom Moderator gestellte und visualisierte (!) Frage schriftlich. Sie schreiben ihre Themen auf Moderationskarten. Haben alle Teilnehmer ihre Themenwünsche notiert und abgegeben, sortiert der Moderator die Karten gemeinsam mit der Gruppe nach Sinneinheiten in Spalten und bezeichnet die gefundenen Kartengruppen (Spalten) mit passenden Überbegriffen. Als Nächstes folgt der Schritt „Auswählen", um festzulegen, welche Spalte zuerst und welche später bearbeitet werden soll.

**Anmerkung:** Für die Durchführung einer Karten-Abfrage am Flipchart verwenden Sie statt der in der Moderation üblichen Pinn-Nadeln einen Post-it-Adhäsiveklebestift*. Statt der üblichen Moderationskarten im Format 10 × 21 cm verwenden Sie kleinere Karten im Format 8 × 16 cm.*

Zur Nutzung einer Themensammlung per Karten-Abfrage ist ein zweites Flipchart hilfreich. Steht nur ein „Flip" zur Verfügung, können Sie auch einfach zwei Blätter mit Tesaband nebeneinander an die Wand kleben.

Die folgende Abbildung zeigt ein Beispiel mit zwei Flipcharts. Auf diese Weise können bis zu acht Kartengruppen gebildet werden. Bei großen Gruppen sollte man für diese Methode aber lieber im offenen Stuhlkreis und mit Pinnwänden (vgl. Seite 12 f.) arbeiten. Eine gute Alternative ist das Arbeiten mit Touch-Board oder Touch-Monitor (vgl. Seite 54/55).

* Siehe beispielsweise www.moderatorenshop.de

Abb. 18 – Themensammlung
mit der Kartenabfrage

# 3 Auswählen

In der dritten Phase der Besprechung muss die Gruppe entscheiden, in welcher Reihenfolge sie die Themen bearbeiten will. Dies geschieht klassischerweise mit einem einfachen „Punkten". Hierzu erhält jeder Teilnehmer halb so viele Klebepunkte, wie Themen zur Wahl stehen (z.B. 6 Themen = 3 Punkte), und beantwortet dann durch Kleben seiner Punkte die Entscheidungsfrage, die der Moderator visualisiert hat. Wichtig ist dabei, dass jeder Teilnehmer maximal zwei Punkte pro Thema vergibt! Diese Methode nennt man in der Moderation „Mehr-Punkt-Abfrage".

Liegt es auf der Hand, in welcher Reihenfolge die Themen bearbeitet werden müssen/sollen, so kann man sich auch kurz verbal einigen. Dies birgt allerdings die Gefahr, in endlose Diskussionen zu geraten. Mit dem Punkten funktioniert das Auswählen meist besser und schneller.

Ist es erforderlich, hilfreich oder einfach nur gewünscht, die gesammelten Themen in Kleingruppen zu bearbeiten, dann müssen diese Gruppen – nach dem Punkten oder stattdessen – gebildet werden. Dazu ordnen sich die Teilnehmer dem Thema zu, an dem sie mitarbeiten müssen/möchten.

Jeder Teilnehmer ordnet sich
dem Thema zu, an dem er mitarbeiten möchte

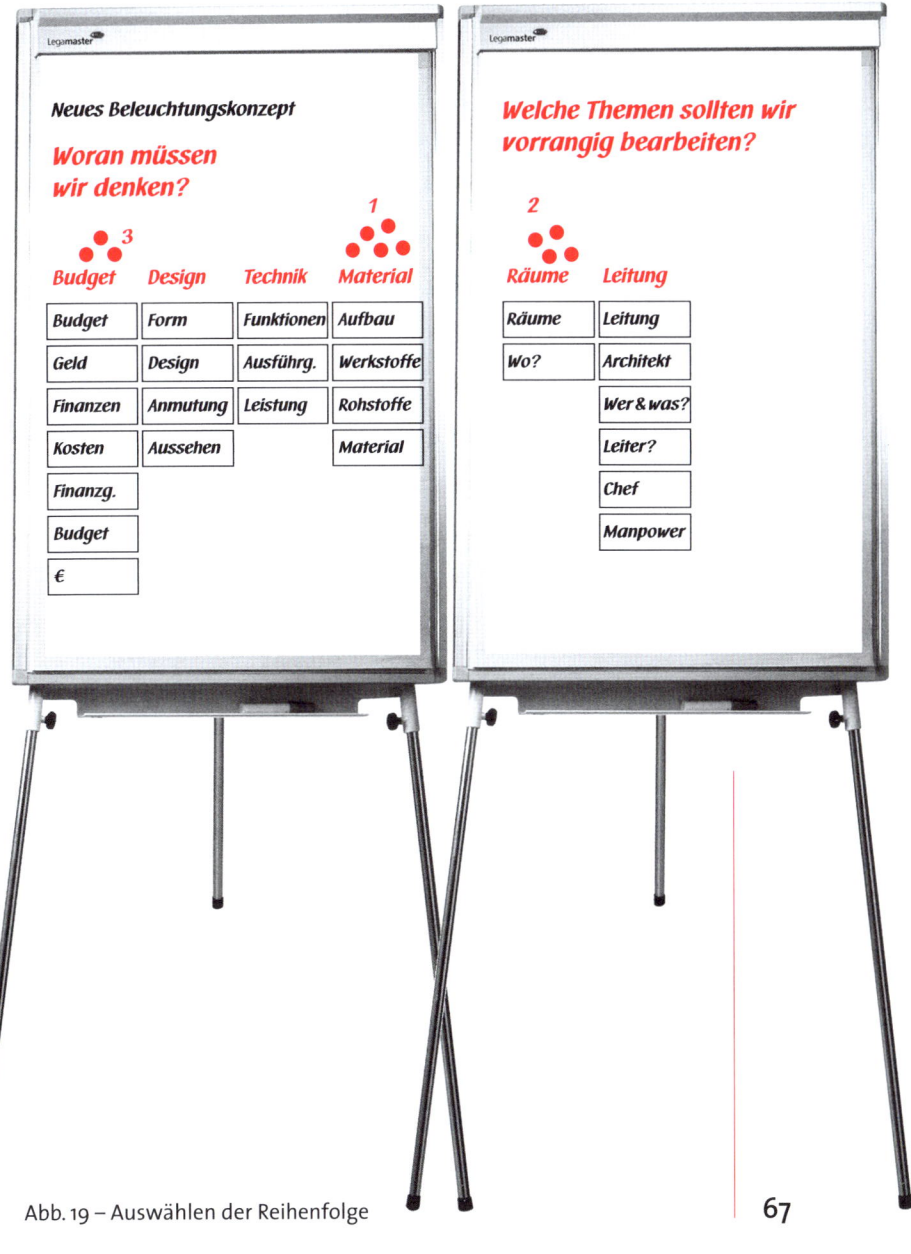

Abb. 19 – Auswählen der Reihenfolge 67

# 4 Bearbeiten

Die Arbeitsphase des Bearbeitens gliedert sich in die Teilschritte Zielvereinbarung, Methodik festlegen und Erarbeiten (vgl. Seite 38 f.).

## A) Zielvereinbarung

Bevor die inhaltliche Arbeit beginnen kann, muss das Ziel formuliert werden, das zum jeweiligen Thema erreicht werden soll. Geht es darum, sich gegenseitig über etwas zu informieren, gemeinsam Ideen zu entwickeln oder eine Problemanalyse durchzuführen? Oder besteht das Ziel darin, eine Entscheidung vorzubereiten oder zu treffen?

## B) Sichten

Ist das Ziel festgelegt, sollten Sie zunächst das Thema „sichten". Erliegen Sie nicht der Versuchung, direkt auf die Suche nach Problemursachen oder Lösungsansätzen zu gehen. Denn durch zu eiliges Losgehen auf den „Kern der Sache" können wichtige Aspekte übersehen werden, die sich im Nachhinein als relevant herausstellen und im Extremfall die gefundene Lösung infrage stellen könnten. Das Sichten des Themas kann in einem kurzen Gespräch geschehen, in dem man sich nochmals kurz vergegenwärtigt, worum es konkret geht. Auch mittels Zurufabfrage (vgl. Seite 62) kann die Themensichtung systematisch angegangen werden. Beispielsweise könnten Sie die Frage stellen: „Was müssen wir bedenken, wenn wir jetzt an das Thema X herangehen?"

## C) Erarbeiten

Für die Themenbearbeitung im eigentlichen Sinne sollten Sie eine zur Zielsetzung passende Methode wählen. Im Folgenden stelle ich kurz einige Klassiker der Themenbearbeitung vor:

| Phase | Ziel/Zweck | Methode |
|---|---|---|
| **Bearbeiten** | Information | ■ 3-Satz<br>■ Zwei-Felder-Tafel |
| | Ideenentwicklung | ■ Brainstorming<br>■ Netzbild/Mindmap |
| | Problemanalyse | ■ Ursachen-Wirkungs-Diagramm<br>■ Problem-Analyse-Schema |
| | Entscheidungsvorbereitung | ■ Morphologischer Kasten<br>■ Harte Nachricht |
| | Entscheidung | ■ Paarvergleich<br>■ Abstimmung |

Abb. 20 – Bearbeitungsmethoden

## Information: Der 3-Satz

Zunächst bieten sich zum Sammeln oder Darbieten von Informationen die bereits vorgestellten Methoden „Abfrage auf Zuruf" und „Abfrage mit Karten" an. Darüber hinaus können Sie auch eine Sachstruktur nach dem Muster 1., 2., 3. bzw. A, B, C verwenden oder auch den 3-Satz nutzen.

Der 3-Satz kann inhaltlich oder zeitlich aufgebaut sein.

In eine zeitliche Struktur gebracht folgt der 3-Satz dem natürlichen Zeitablauf wie etwa:

- Was war?
- Was ist?
- Was wird sein?

- Wie war es?
- Wie ist es?
- Was ist geplant?

- Wie hat es begonnen?
- Wie ist es jetzt?
- Wozu wird das führen?

In eine inhaltliche Logik gebracht folgt der 3-Satz der bekannten Struktur:

- These – Antithese – Synthese
- Einerseits – andererseits – folglich

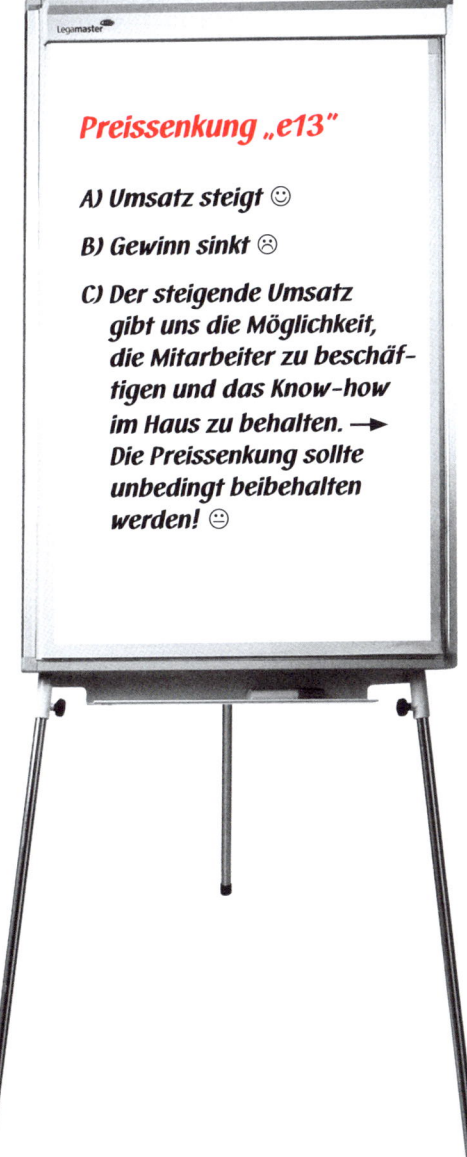

### Preissenkung „e13"

A) Umsatz steigt ☺

B) Gewinn sinkt ☹

C) Der steigende Umsatz
   gibt uns die Möglichkeit,
   die Mitarbeiter zu beschäf-
   tigen und das Know-how
   im Haus zu behalten. ➝
   Die Preissenkung sollte
   unbedingt beibehalten
   werden! ☺

Abb. 21 – Der 3-Satz

## Information: Zwei-Felder-Tafel

Die Zwei-Felder-Tafel ist eine einfach zu handhabende Methode. Der Moderator schreibt als Überschrift das aktuelle Thema, zu dem Informationen ausgetauscht oder zusammengetragen werden sollen, auf ein Flipchart und teilt es dann in zwei Felder auf.

Die beiden Felder werden mit Fragen beschriftet, wie etwa:

- Was ist das Problem? – Was ist die Lösung?

- Was spricht dafür? – Was spricht dagegen?

- Was ist Fakt? – Was ist Vermutung?

- Was erwartet der Aktionär? – Was erwartet der Kunde?

- Wo sind wir stark? – Wo sind wir schwach?

Anschließend werden (wie bei der „Abfrage auf Zuruf") die Informationen zugerufen und für alle sichtbar mitvisualisiert.

Diese Methode eignet sich besonders zur schnellen Sammlung von Informationen und Gedanken, aber auch zum Entwurf möglicher Sofortmaßnahmen und Problemlösungsideen.

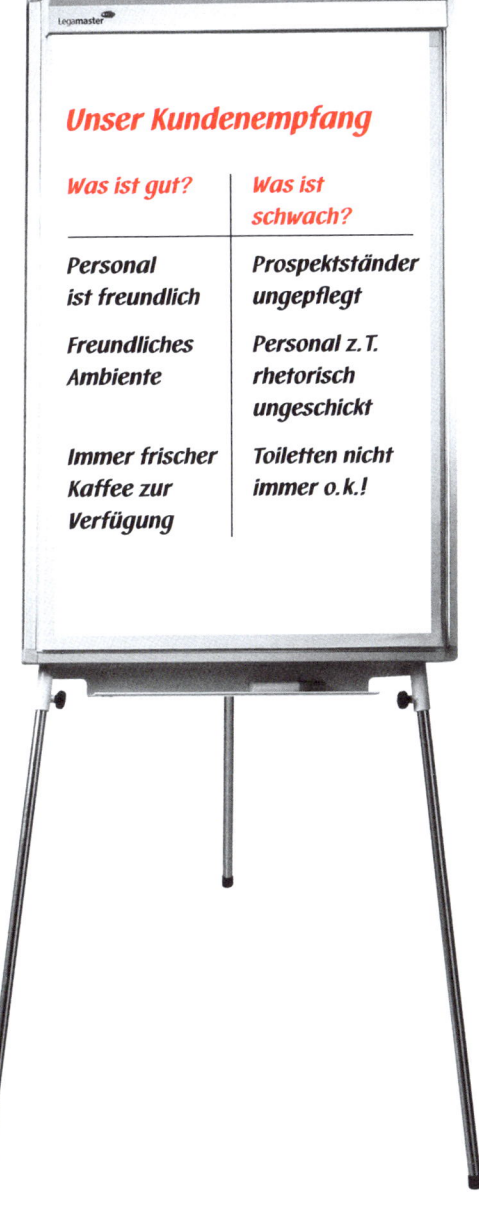

## Unser Kundenempfang

| Was ist gut? | Was ist schwach? |
|---|---|
| Personal ist freundlich | Prospektständer ungepflegt |
| Freundliches Ambiente | Personal z. T. rhetorisch ungeschickt |
| Immer frischer Kaffee zur Verfügung | Toiletten nicht immer o. k.! |

Abb. 22 – Zwei-Felder-Tafel

## Ideenfindung: Brainstorming

Brainstorming ist eine „Abfrage auf Zuruf" nach ganz speziellen Regeln und dient dem Generieren neuer Ideen zu einem bestimmten Thema oder einer vorgegebenen Zielsetzung. Wenn Sie ein Brainstorming machen wollen, visualisieren Sie am besten Regeln dazu wie:

- ■ Wir brauchen möglichst viele Gedanken: Quantität ist wichtiger als Qualität!

- ■ Jede Antwort ist erlaubt, und sei sie noch so „blöd"!

- ■ Ideen anderer Teilnehmer aufzugreifen und diese weiter auszuführen ist erwünscht!

- ■ Bewerten oder Kritisieren von Ideen ist tabu!

Stellen Sie anschließend eine Impulsfrage, die beantwortet werden soll, und achten Sie darauf, dass die Regeln eingehalten werden!

Nach dem Sammeln der Ideen schauen Sie sich gemeinsam mit der Gruppe Punkt für Punkt noch einmal an und entscheiden, welche der Ideen weiterverfolgt werden sollen. Mögliche Fragen hierfür sind:

- ■ Welche Idee wollen wir weiterspinnen?

- ■ Welchen Gedanken sollten wir uns genauer anschauen?

**Wie erreichen wir Pünktlichkeit in unseren Meetings?**

- Später anfangen
- Strafzettel verteilen
- Die Pünktlichkeit belohnen
- Pünktlichkeit abschaffen
- Persönliche Abholer einsetzen
- Strafpunktekonto einrichten
- Erst anfangen, wenn auch alle da sind
- Training machen
- Prügelstrafe einführen

Abb. 23 – Brainstorming

## Ideenfindung: Netzbild/Mindmap

Das Netzbild ist – ebenso wie ein Mindmap oder eine technische „Explosionszeichnung" – nach der Baumstruktur aufgebaut.

Nach der logischen Struktur „das Ganze und sein Teile" kann man sich mit einem Netzbild einen guten Überblick über ein Thema verschaffen. Was gehört zum Thema und was gehört zu welchem Aspekt?

Auch das Netzbild funktioniert nach dem Prinzip „Abfrage auf Zuruf". Es eignet sich gut dazu, einen Überblick zu einer Problemstellung herzustellen.

Der Moderator arbeitet hierbei von innen nach außen. Es wird erst nach den großen Überschriften gesucht. Dann werden den gefundenen Überpunkten Unterpunkte zugeordnet, sodass die Themen nach außen immer spezieller werden.

Ein weiterer Vorteil des Netzbildes ist, dass durch die Verbindungslinien Beziehungen sichtbar gemacht werden. Ein einfaches Beispiel eines Netzbildes zeigt Abbildung 24.

Ein Netzbild ist gut geeignet, um eine (komplexe) Problem- oder Situationslandschaft sichtbar zu machen und davon ausgehend Entscheidungen zu treffen.

Das Netzbild ist zudem gut für „visuelle Rhetorik" geeignet (vgl. Seite 113).

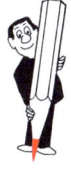

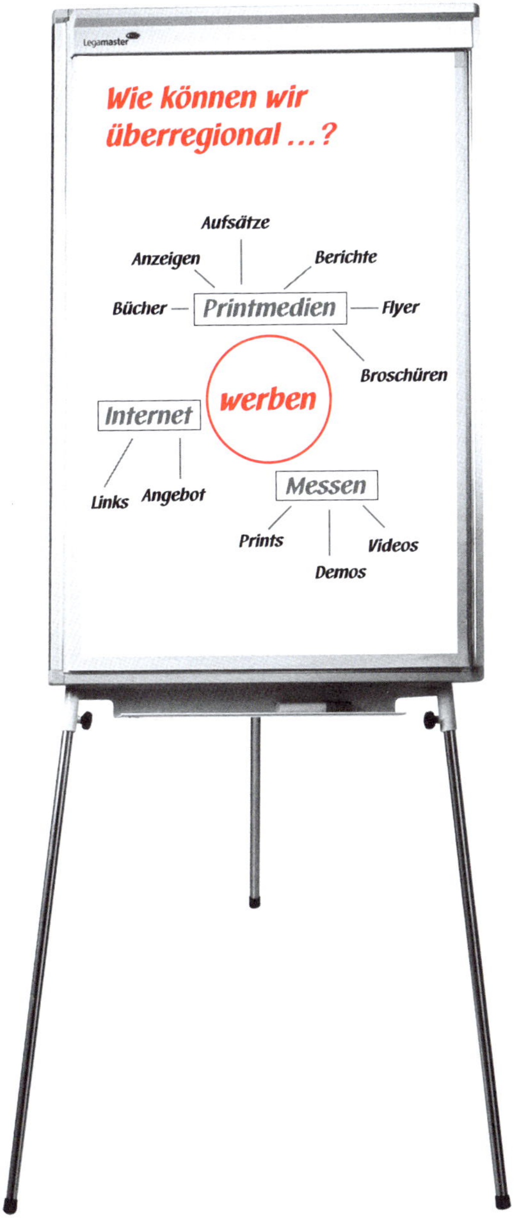
Legamaster
Wie können wir überregional ...?
Aufsätze
Anzeigen
Berichte
Bücher
Printmedien
Flyer
Broschüren
werben
Internet
Links
Angebot
Messen
Prints
Videos
Demos

Abb. 24 – Netzbild

## Problemanalyse: Ursachen-Wirku ngs-Diagramm

Auch das Ursachen-Wirkungs-Diagramm ist eine leicht zu handhabende Moderationsmethode. Der Moderator zeichnet zur Anwendung dieser Methode eine „Fischgräte". Er bezeichnet die Enden mit den vier klassischen Ms: Mensch, Maschine, Material und Methode und den „Kopf" mit dem Problem (Wirkung), für das Ursachen zu suchen sind. Dann läuft alles wie bei der „Abfrage auf Zuruf" (vgl. Seite 62).

Das Ursachen-Wirkungs-Diagramm (Ishikawa-Diagramm) ist zur Themenbearbeitung dann besonders gut geeignet, wenn es darum geht, Ursachen für ein bestehendes Problem im quantitativen Bereich zusammenzutragen.

Beispiele hierfür sind etwa:

- Zu viel Ausschuss

- Nacharbeitsquote zu hoch

- Durchlauf-/Prozesszeiten zu lang

- Lieferzeiten zu lang

- Zu viele Rückläufer

- Zu viele Reklamationen

Reicht der Platz auf einem Blatt nicht aus, so kann man jeden Aspekt auch auf einem eigenen (Flipchart-)Blatt darstellen.

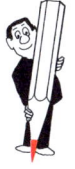

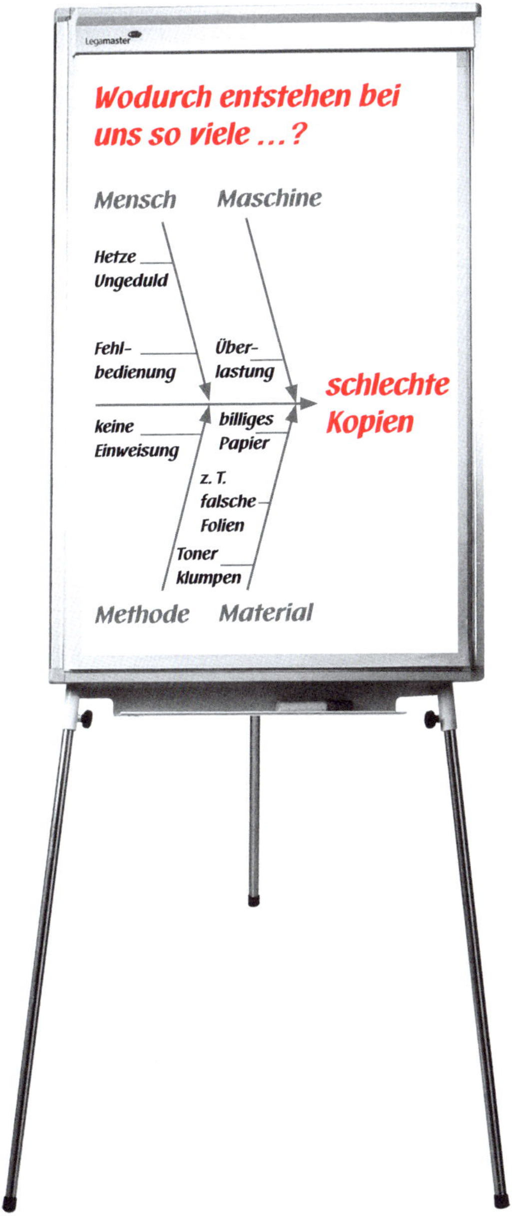
Legamaster
Wodurch entstehen bei uns so viele …?
Mensch
Maschine
Hetze
Ungeduld
Fehl-
bedienung
Über-
lastung
schlechte Kopien
keine
Einweisung
billiges
Papier
z. T.
falsche
Folien
Toner
klumpen
Methode
Material

Abb. 25 – Ursachen-Wirkungs-Diagramm

### Problemanalyse: Problem-Analyse-Schema (PAS)

Mit dem Problem-Analyse-Schema (PAS) lassen sich Probleme gut mehrdimensional bearbeiten. Denn das PAS fragt sowohl nach den Erscheinungsformen eines Problems wie nach dessen Ursachen und nach möglichen Lösungen und Hürden, die diese Lösung be- oder verhindern könnten.

Auch das PAS ist eine „Abfrage auf Zuruf". Mit diesem Schema sind gründliche Überlegungen möglich. Wenn es auf schnelle (erste) Ursachenermittlung und ggf. Lösungsideen ankommt, ist das PAS eine leistungsfähige Methode.

Will man über die Ursachenforschung hinaus noch weiter in die Problemlösung vordringen, ist auch eine vierspaltige Vorgehensweise denkbar. In der letzten Spalte werden dann etwa die Hindernisse aufgelistet, die für eine Realisierung der gedachten Lösung zu bedenken wären. Die Frage dafür lautet beispielsweise: „Was könnte uns bei der Umsetzung behindern?" Der Vorteil dieser Variante liegt darin, dass mögliche Risiken und Erschwernisse bei der Maßnahmenplanung gleich mit in den Blick geraten und bedacht werden können.

Ein dreistufiges System greift manchmal zu kurz

### Immer Ärger mit den Dienstautos

| Wie äußert sich das Problem? | Was könnten die Ursachen sein? | Was könnten wir dagegen tun? |
|---|---|---|
| Bei Fahrtantritt immer Tank leer | Vornutzer achtet nicht darauf | Vor Rückgabe tanken |
| | | Hausmeister kontrolliert |
| Fahrzeuge im Hof nicht zu finden | Kein Hinweis, wo das Auto abgestellt wurde | Standortkärtchen an den Schlüssel hängen |
| | | Geländeplan aufhängen und Fahrzeuge eintragen |

Abb. 26 – Problem-Analyse-Schema

## Entscheidungsvorbereitung: Morphologischer Kasten

Der morphologische Kasten ist eine zweidimensionale Ideenfindungs- und Entscheidungsmatrix. Er eignet sich zur Erarbeitung einer Realisierungsvariante, z.B. eine Produktüberarbeitung oder Neuentwicklung oder das Durchdenken von Realisierungsoptionen für eine zu erledigende oder zu organisierende Aufgabe.

Die Matrix wird beispielsweise von einem Expertenteam erarbeitet. Das Management kann dann zur Entscheidung hinzugezogen werden.

Zur Erstellung einer morphologischen Matrix gehen Sie in folgenden Schritten vor:

- Sie legen das Produkt fest, um das es gehen soll.

- Legen Sie per Zuruf die Komponenten fest, auf die es ankommt.

- Überlegen Sie, wie viele Varianten für eine Komponente denkbar sind.

- Erstellen Sie die Matrix.

- Ergänzen Sie für alle Komponenten die möglichen Varianten.

- Entscheiden Sie dann, welche Variante realisiert werden soll.

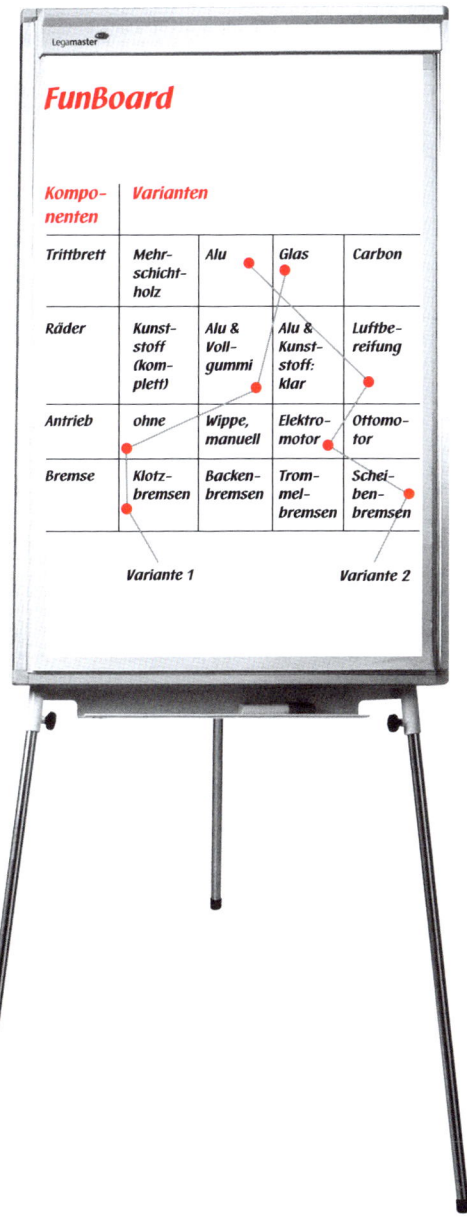

# FunBoard

| Kompo-<br>nenten | Varianten | | | |
|---|---|---|---|---|
| Trittbrett | Mehr-<br>schicht-<br>holz | Alu | Glas | Carbon |
| Räder | Kunst-<br>stoff<br>(kom-<br>plett) | Alu &<br>Voll-<br>gummi | Alu &<br>Kunst-<br>stoff:<br>klar | Luftbe-<br>reifung |
| Antrieb | ohne | Wippe,<br>manuell | Elektro-<br>motor | Ottomo-<br>tor |
| Bremse | Klotz-<br>bremsen | Backen-<br>bremsen | Trom-<br>mel-<br>bremsen | Schei-<br>ben-<br>bremsen |

Variante 1         Variante 2

Abb. 27 – Morphologischer Kasten

### Entscheidungsvorbereitung: Harte Nachricht

Die harte Nachricht ist eine Struktur zur Aufbereitung von Informationen, die sofort zum Kern der Sache kommt und anschließend Zusatzinformationen bietet.

Die Aufbereitung mehrerer Alternativen kann eine anstehende Entscheidung sehr erleichtern.

Wie tief man für den Entscheidungsprozess in die Details einsteigt, hängt vom Interesse und vom Zeitbudget des/der Entscheider(s) ab.

Die harte Nachricht gliedert sich in die Punkte:

- Überblick
- Details
- Hintergründe
- Weitere Entwicklung

### Team Meetings

**Überblick:** Teammeetings künftig nicht ausreichend

**Details:** Vier 2-tägige Meetings pro Jahr reichen nicht mehr aus

**Hintergründe:** Die hohe Auslastung der Berater erlaubt derzeit nur ein Meeting/Quartal

**Entwicklung:** Die Erfordernisse für Austausch machen zusätzl. Onlinemeetings unverzichtbar

Abb. 28 – Harte Nachricht

## Entscheidung: Paarvergleich

Der Paarvergleich dient der Gegenüberstellung von Alternativen, um eine Entscheidung zu objektivieren. Zur Visualisierung kann man dazu eine Matrix oder den Entscheidungsstift wählen.

■ Fragen Sie zunächst, welche Lösungsalternativen zur Entscheidung denkbar sind: „Was kommt infrage?", „Was können sich die Teilnehmer vorstellen?", „Was würde akzeptiert?".

■ Sammeln Sie in einem zweiten Schritt die Merkmale, die Ihnen für die anstehende Entscheidung wichtig erscheinen.

■ Lassen Sie dann die Gruppe jedes Kriterium jedem anderen Kriterium gegenüberstellen und entscheiden, welches der beiden wichtiger ist.

■ Wenn Sie anschließend prüfen, wie oft das einzelne Kriterium priorisiert wurde, erhalten Sie eine Reihung.

■ Abschließend fragen Sie: „Welche Lösungsalternative erfüllt die priorisierten Kriterien am ehesten?" Die Antwort liegt durch den Entscheidungsstift auf der Hand.

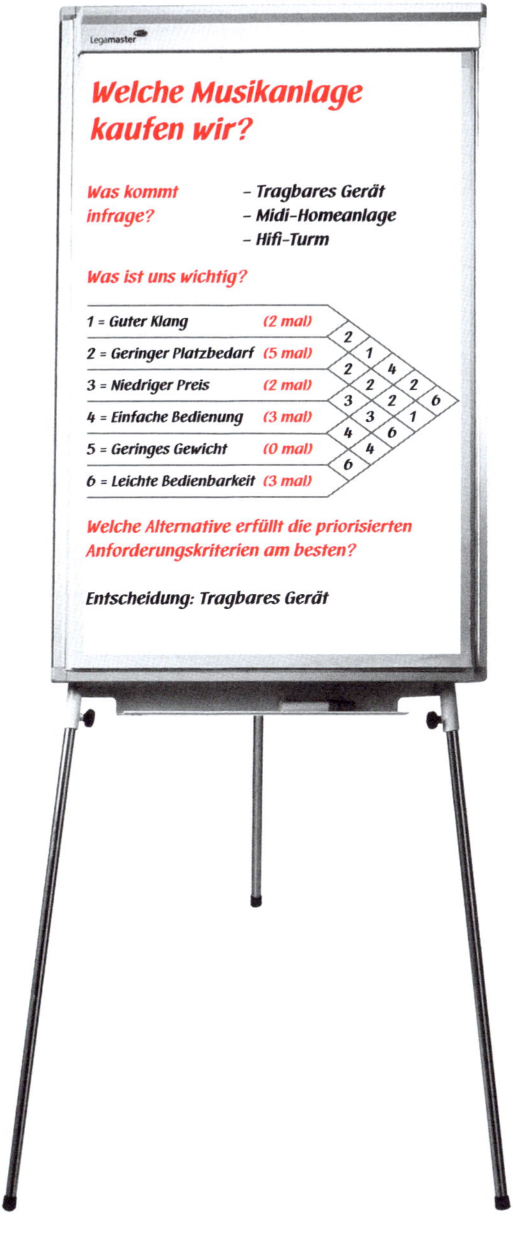

## Welche Musikanlage kaufen wir?

**Was kommt infrage?**
- Tragbares Gerät
- Midi-Homeanlage
- Hifi-Turm

**Was ist uns wichtig?**

1 = Guter Klang *(2 mal)*
2 = Geringer Platzbedarf *(5 mal)*
3 = Niedriger Preis *(2 mal)*
4 = Einfache Bedienung *(3 mal)*
5 = Geringes Gewicht *(0 mal)*
6 = Leichte Bedienbarkeit *(3 mal)*

```
      2
        1
    2     4
    2  2   2
   3  3      6
    3   1
  4    6
    4    4
  6
```

**Welche Alternative erfüllt die priorisierten Anforderungskriterien am besten?**

**Entscheidung: Tragbares Gerät**

Abb. 29 – Entscheidungsstift · · · · · · · · 87

## Entscheidung: Punkten und Abstimmung

Die klassische Methode zur Entscheidungsfindung ist in der Moderation das Punkten bzw. die Mehr-Punkt-Abfrage, wie sie auf Seite 56 skizziert ist.

Eine dem Punkten ähnliche, jedoch „weichere" Art der Abstimmung ist das sogenannte systemische Konsensieren (nach Paul Watzlawick), bei dem der Weg des geringsten Widerstandes gegangen wird. Hierbei werden die denkbaren Alternativen aufgelistet und von jedem Teilnehmer bewertet. Jeder vergibt für jede denkbare Variante einen „Widerstandswert" zwischen 0 und 10, wobei 10 für maximalen Widerstand und 0 für keinen Widerstand steht. Die Variante mit dem geringsten Widerstand hat „gewonnen".

Schlussendlich ist es natürlich auch möglich, eine Entscheidung per einfacher Abstimmung ohne weitere Erklärung und Erläuterung herbeizuführen. Entweder Sie fragen: „Wer ist dafür, dass wir X machen? Wer ist für Y? Wer ist für Z?" Die Variante mit den meisten Stimmen kriegt den Zuschlag. Oder Sie fragen: „Wer ist dagegen?" Meldet sich niemand oder weniger als die, die sich nicht melden, ist Ihr Vorschlag angenommen.

Und wieso glauben Sie, dass Sie uns gerade bei Entscheidungssitzungen hilfreich sein können?

Eine „härtere" Variante ist die, dass der Boss ohne Rückfrage entscheidet. Basta!

Grundsätzlich empfiehlt es sich, **so viel an Konsens** zu erreichen **wie irgend möglich,** damit die getroffene Entscheidung letztlich auch von allen mitgetragen wird!

### Wie begehen wir unser Jubiläum?

| Tn | Denkbare Varianten | | | |
|---|---|---|---|---|
| | **Große Feier mit Kunden** | **Kleine Feier mit Angehörigen** | **Kleine Feier unter uns** | **Keine Feier** |
| A | 3 | 0 | 1 | 10 |
| B | 5 | 5 | 0 | 2 |
| C | 2 | 7 | 2 | 5 |
| D | 0 | 8 | 3 | 7 |
| E | 8 | 0 | 5 | 6 |
| F | 5 | 2 | 5 | 9 |
| Widerstand | 23 | 22 | 16 | 39 |
| Rang | 3 | 2 | 1 | 4 |

Abb. 30 – Konsensieren

# 5 Planen

Die letzte Phase der Themenbearbeitung ist das Planen von Maßnahmen. In dieser Phase ist konkret festzulegen, wer was bis wann erledigen wird. Hierzu leistet der Maßnahmenplan gute Dienste.

Im Maßnahmenplan werden nach einem vorgegebenen Raster die Aktivitäten dokumentiert, die ergriffen werden sollen. Der klassische Maßnahmenplan beinhaltet die Spalten:

✔ **Nr.**

In diese Spalte wird die laufende Nummer der jeweiligen Maßnahme eingetragen. Die Nummerierung hat nichts mit dem Setzen von Prioritäten zu tun! Sie dient ausschließlich der Erleichterung der Kommunikation über die bereits eingetragenen Maßnahmen.

✔ **Was?**

Der Eintrag in diese Spalte definiert die Maßnahme, die beschlossen wurde.

✔ **Wozu?**

Das Wozu beschreibt kurz die Zielsetzung der Maßnahme. Dieser Eintrag konkretisiert den Eintrag aus der Was-Spalte.

✔ **Wer?**

In der Wer-Spalte wird der Verantwortliche für diese Maßnahme benannt. Wichtig: „Wer" muss anwesend sein, denn wer nicht anwesend ist, kann keine Aufgabe übernehmen! Wenn jemand etwas tun soll, der nicht anwesend ist, so muss die Maßnahme in der „Was- Spalte" lauten: „Sprechen mit ..., ob er/sie ... übernehmen kann."

### ✔ Wann?

In diese Spalte wird der Termin eingetragen, bis wann die entsprechende Maßnahme erledigt sein wird.

### ✔ Check?

Häufig „versanden" Maßnahmen, weil sie zu unverbindlich gehandhabt werden. Die Vereinbarung darüber, wie die Gesprächsteilnehmer über den Realisierungserfolg Rückmeldung erhalten werden, schafft zusätzliche Verbindlichkeit für die vereinbarten Maßnahmen. In diese Spalte wird kein Datum eingetragen, sondern die vereinbarte „Art der Rückmeldung"!

Die Gefahr, dass man mit einigem zeitlichen Abstand nicht mehr weiß, was konkret mit der entsprechenden Eintragung gemeint war, ist groß. Es ist deshalb für die Arbeit mit dem Maßnahmenkatalog sehr wichtig, dass Sie ganze Sätze formulieren! Im Folgenden ein kurzes Formulierungsbeispiel:

Das Protokoll sollte möglichst schnell verteilt werden

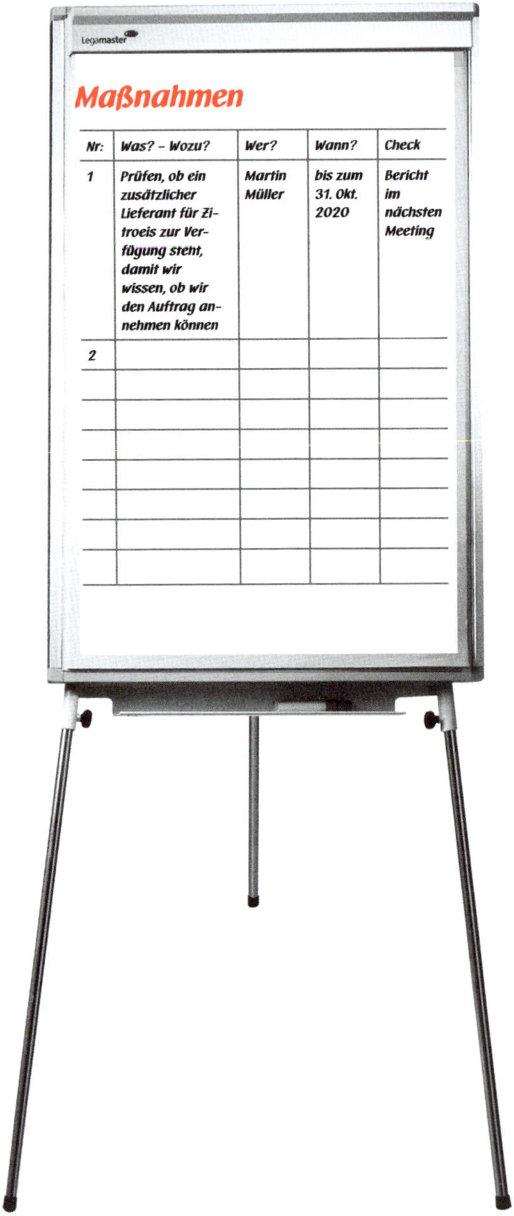

**Maßnahmen**

| Nr: | Was? – Wozu? | Wer? | Wann? | Check |
|---|---|---|---|---|
| 1 | Prüfen, ob ein zusätzlicher Lieferant für Zitroeis zur Verfügung steht, damit wir wissen, ob wir den Auftrag annehmen können | Martin Müller | bis zum 31. Okt. 2020 | Bericht im nächsten Meeting |
| 2 | | | | |
| | | | | |
| | | | | |
| | | | | |
| | | | | |
| | | | | |
| | | | | |
| | | | | |
| | | | | |

Abb. 31 – Maßnahmenplan

| Nr. | 1 |
|---|---|
| **Was?** | Organisieren eines zweiteiligen Besprechungstrainings für alle Führungskräfte der Niederlassung Berlin. Die Trainings sollen bis zum 31.12.2021 abgeschlossen sein. |
| **Wozu?** | Verbessern des Moderations-Know-hows unserer Führungskräfte und Steigerung der Effizienz unserer Besprechungen. |
| **Wer?** | Carsten Müller (A2) |
| **Wann?** | Die Trainings sind bis zum 31. Dezember 2020 organisiert. |
| **Check?** | Jede Führungskraft erhält einen Trainingsplan, wer wann teilnehmen soll/kann per E-Mail, und zwar vor dem 31.12.2020. |

Abb. 32 – Formulierungsbeispiel

Der Maßnahmenplan ist das „Herzstück" einer jeden Besprechung. Alle Aktivitäten einer Besprechung dienen dem Zweck, konkrete Maßnahmen zu erarbeiten. Der Maßnahmenplan wird verkleinert und inhaltlich unverändert ins Besprechungsprotokoll aufgenommen. Es könnte auch sein, dass Sie – wie beim Workshop – alle Visualisierungen zu einem Protokoll zusammenstellen (vgl. Seite 123 – Das Protokoll). Der Protokollführer würde dann zum „Protokoll-Designer", der die Inhalte dem Verlauf der Besprechung gemäß zusammenstellt und inhaltlich unverändert an die Teilnehmer der Besprechung verteilt.

Übrigens: Jeder Maßnahmenplan sollte (soweit erforderlich/gewünscht) einen vereinbarten Folgetermin beinhalten!

# 6 Abschließen

Die Besprechung endet mit einer kurzen Reflexion der gemeinsamen Arbeit und einem positiven Abschluss.

Themen oder Aspekte, die in der zur Verfügung stehenden Zeit nicht bearbeitet werden konnten, müssen sich im Maßnahmenplan wiederfinden. Ein unerledigter Punkt könnte zum Beispiel derart „erledigt" werden, dass er auf die Tagesordnung der nächsten bzw. einer „außerordentlichen" Sitzung gesetzt wird. Wichtig ist, dass beim Abschluss nichts mehr offen ist!

Als Vorgehensweise oder Methode für den Abschluss eignet sich zum Beispiel ein „Abschlussflip, das so aussehen könnte, wie es Abbildung 33 zeigt. Jeder Teilnehmer vergibt einen Punkt, und wer mag, sagt kurz dazu, warum er seinen Punkt so vergeben hat und nicht anders. Diese Methode nennt man in der Moderation die Ein-Punkt-Abfrage.

Dieses Abschlussblitzlicht kann eindimensional gestaltet werden, wie das Beispiel am Flipchart zeigt, was meist völlig ausreichend ist, aber auch zweidimensional, wie im Beispiel am Touch-Screen.

> Wichtig für das Abschließen ist, dass am Schluss nichts mehr offengeblieben ist.

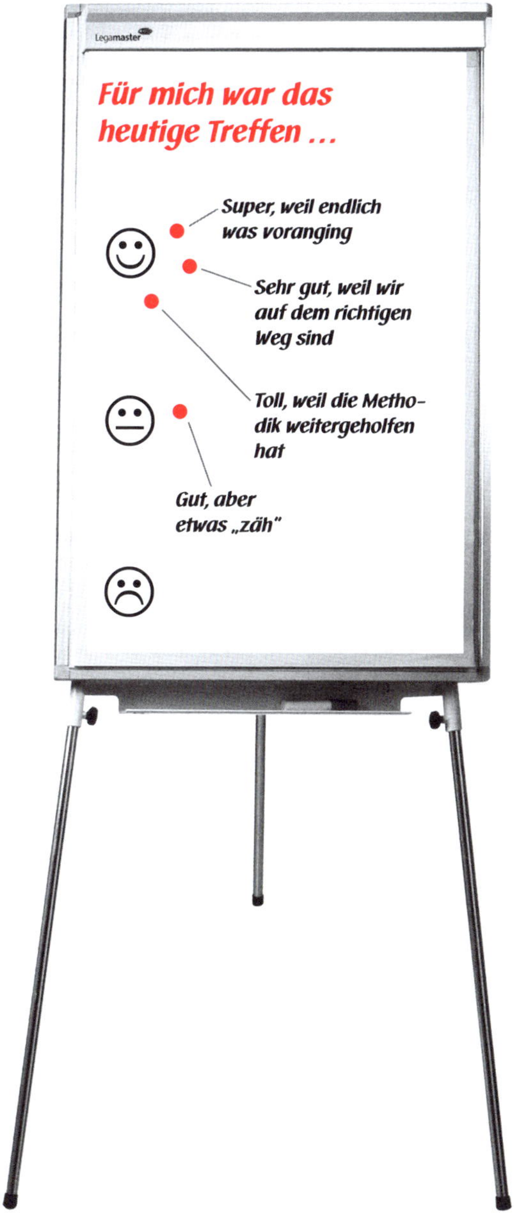

**Für mich war das heutige Treffen …**

☺
- Super, weil endlich was voranging
- Sehr gut, weil wir auf dem richtigen Weg sind
- Toll, weil die Methodik weitergeholfen hat

☺
- Gut, aber etwas „zäh"

☹

Abb. 33 – Abschlussflip

# Der Teilnehmertipp

Für den Erfolg oder Misserfolg einer Besprechung sind neben dem Moderator immer auch die Teilnehmer verantwortlich! Auch wenn der Moderator der „Methodenverantwortliche" ist, ist es doch häufig so, dass er als „Primus inter Pares" eine „Doppelrolle" zu spielen hat. Einerseits ist er Moderator, andererseits ist er Teilnehmer. Die Methodenverantwortung sollte in diesen Fällen auch von den anderen Teilnehmern aktiv (mit)getragen werden. Als Teilnehmer sollten Sie ...

■ ... darauf achten, dass für die Besprechung die erforderlichen Medien zur Verfügung stehen.

Fehlen die Medien, die Sie brauchen und die die Arbeit effektiver machen können, so schlagen Sie gegebenenfalls ein Unterbrechung vor und bieten Sie an mitzuhelfen, die Hilfsmittel zu organisieren. Es kann auch sinnvoll sein, in einen Raum zu wechseln, der entsprechend ausgerüstet ist. Manchmal fehlt es schlichtweg an der Initiative, um die Arbeitsbedingungen befriedigend(er) zu gestalten.

■ ... darauf drängen, dass ausreichend visualisiert wird.

Visualisieren ist anstrengend, sowohl körperlich wie inhaltlich, da man sich stets um passende Formulierungen bemühen muss. Doch genau dieses Bemühen fördert die geistige Disziplin und bringt mehr Klarheit in die Kommunikation. Zudem bleiben die besprochenen Gedanken durch die Visualisierungen nachvollziehbar und weiterverwendbar.

■ ... darauf achten, dass methodisch, also „step by step",
vorgegangen wird.

Ein häufiger Fehler in Besprechungen ist es, zuguns-
ten eines vermeintlichen Zeitgewinns alles auf einmal
machen zu wollen. Doch es macht sehr viel mehr Sinn,
geordnet vorzugehen. Der Zeitgewinn durch schritt-
weises Arbeiten ergibt sich erst in der Gesamtschau am
Schluss.

■ ... „notfalls" selbst Methoden vorschlagen.

Sollte der Moderator ohne (erkennbare) Methodik arbeiten, scheuen Sie sich nicht, selbst Methoden vorzu-
schlagen!

# 6. Gebot:
# Sei neutral!

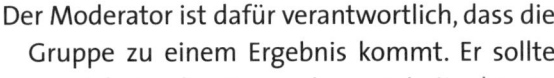

Der Moderator ist dafür verantwortlich, dass die Gruppe zu einem Ergebnis kommt. Er sollte sich in die Besprechungsinhalte hineindenken können, muss aber kein inhaltlicher Experte sein. Ist er dies dennoch und darüber hinaus – wie in der Besprechungspraxis so häufig – auch von der Sache her beteiligt, wird es für ihn schwierig sein, (gut) zu moderieren. Er muss in diesem Fall versuchen, beiden Rollen gleichermaßen gerecht zu werden.

Äußerst hilfreich kann es in dieser Situation sein, wenn er seine eigenen inhaltlichen Beiträge in Form von Fragen einbringt und dadurch möglichst wenig direktiv wirkt.

Die Kunst liegt darin, sich einerseits als Teilnehmer in der Sache zu engagieren und sich andererseits als Moderator inhaltlich neutral zu verhalten. Der Moderator muss also wie ein guter Verkäufer agieren, der sein Produkt mit Engagement vertritt und es gleicheitig durch die Brille des Kunden betrachtet. Nützt das Produkt dem Kunden, wird er versuchen, es ihm zu verkaufen, nützt es ihm nicht, wird er gerne davon abraten. Zumindest wird er nicht aktiv versuchen, es dem Kunden „aufzuschwatzen".

Mit anderen Worten: Der „teilnehmende Moderator" muss die Beiträge anderer Teilnehmer den seinen gegenüber gleichwertig behandeln. Dies gelingt am ehesten, wenn er methodisch vorgeht – also die skizzierten Gruppenarbeitsmethoden zur Strukturierung der gemeinsamen Arbeit nutzt – und eine fragende Haltung einnimmt (vgl. Seite 105 f.). Besonders wichtig ist dies im Umgang mit schwierigen Besprechungssituationen, zum Beispiel wenn „persönliche Angriffe" erfolgen.

Zunächst aber zum „Normalfall". Die Trennung der Rollen kann geschehen,

- **optisch:** indem der Leiter in seiner Rolle als Moderator steht und in der des Teilnehmers sitzt. Denkbar ist auch ein Stuhlwechsel: Ein Stuhl steht an der Seite des Tisches für den Teilnehmer und ein anderer Stuhl steht an der Stirnseite des Tisches für den Leiter. Je nach Aktivität sitzt der „Primus inter Pares" an der Seite oder an der Stirnseite.

- **verbal:** durch spezielles Fragen und Sprechen. Als Teilnehmer können Sie Ihre dominante Stellung dadurch „entschärfen", dass Sie viel mit Fragen arbeiten.

Wenn Sie beispielsweise glauben, dass ein Aspekt übersehen wurde, könnten Sie, statt zu sagen: „Tja Freunde, so geht das aber nicht, da haben wir ja einen wesentlichen Aspekt übersehen!", diesen Satz als Frage formulieren: „Ich habe den Eindruck, wir haben da einen wesentlichen Aspekt übersehen, kann das sein?" Auch durch relativierende Formulierungen können Sie Ihre Position etwas „mildern". Sie argumentieren zum Beispiel nicht einfach drauflos, sondern leiten Ihre inhaltlichen Beiträge „relativierend" ein, indem Sie beispielsweise sagen: „Also für mich als Leiter Backoffice ist da schon noch wichtig, dass wir auch bedenken, dass ..."

# Der Umgang mit „persönlichen Angriffen"

Neutral zu sein ist häufig leichter gesagt als getan, vor allem dann, wenn man sich persönlich angegriffen fühlt. Und je engagierter die Diskussionen sind, desto emotionaler werden sie auch und desto leichter kommt es auch zu persönlichen Angriffen.

Um auch in solch schwierigen Situationen neutral bleiben zu können, ist es äußerst hilfreich, sich zu fragen, ob das, was soeben vorgetragen wurde, ein persönlicher Angriff oder eine ungeschickt verpackte Bitte war; denn:

Jeder „Angriff" lässt sich wie eine Bitte behandeln!

Eine Aussage wie: „So, wie Sie das meinen, geht das nicht!", lässt sich beantworten mit: „Gut, dann lassen Sie uns einen Moment darüber sprechen, wie es gehen könnte." Man reagiert damit nicht auf die Botschaft „Du bist eine methodische Pflaume!" (Angriff), sondern auf die Botschaft „Könnten wir nicht erst mal klären, ob das auch wirklich so funktioniert, wie du dir das denkst?" (Bitte). Man entkräftet dadurch den Angriff und gestaltet die Besprechung konstruktiv nach vorne.

# Der Teilnehmertipp

Obwohl der „normale" Teilnehmer einer Besprechung nicht bestrebt sein wird, neutral zu sein, kann auch er das soeben für den Moderator Gesagte für seine Besprechungspraxis nutzen.

Darüber hinaus ist es äußerst hilfreich, jede Besprechung neben den Sachzielen immer auch als sozialen Austausch zu verstehen. Und das hat nichts mit „Kaffeekränzchendenken" zu tun; denn:

> **Wenn sozial zwischen den Teilnehmern „nichts läuft",
> wird auch in der Sache nur wenig laufen!**

Für die soziale Ebene und damit das Gesprächsklima kann nicht allein der Leiter oder Moderator Verantwortung tragen, sondern jeder Teilnehmer kann und muss aktiv etwas dafür tun. Ganz zentral ist dabei, den Gesprächspartnern Wertschätzung entgegenzubringen.

Jeder Angriff lässt sich als Bitte behandeln!

Möglichkeiten dazu gibt es viele. Hier einige zentrale Punkte:

■ **Sprechen Sie Ihre Gesprächspartner immer wieder mit ihrem Namen an!**

Das ist etwas mühsamer, als nur „Sie" zu sagen, vermittelt aber Wertschätzung. Einerseits hört jeder seinen Namen gerne, andererseits ist es wertschätzend, wenn sich der Sprecher die Mühe macht, a) den Namen des anderen zu behalten und ihn b) auch zu benutzen.

■ **Wenn Sie eine Frage stellen, erklären Sie, warum Sie fragen**

Fragen haben Aufforderungscharakter, sie produzieren also einen gewissen Druck beim Gefragten. Auf die Frage „Wissen Sie, wie spät es ist?", hebt sich wie von Geisterhand geführt die Hand des Gefragten und er antwortet mit Blick auf seine Armbanduhr: „Es ist jetzt ..." Dieser „Automatismus" wird häufig überfordert. Das Stellen mehrerer Fragen nacheinander wirkt dann wie ein „Verhör", es erzeugt Irritation und Ablehnung.

Es ist deshalb empfehlenswert hinzuzufügen, warum man wissen möchte, wonach man gerade fragt!

■ **Hören Sie aktiv zu!**

Zuhören ist mehr als nicht zu sprechen. Zuhören heißt verstehen zu wollen! Aktives Zuhören besteht aus den Dingen, die man unbewusst tut, wenn man jemanden wirklich verstehen möchte. Hierzu gehören neben der zugewandten Körperhaltung und dem Blickkontakt auch kommentierende Äußerungen, wie „mhm", „ah ja" usw. Gerade auch Verständnisfragen sind Teil des aktiven Zuhörens.

■ **Sagen Sie immer auch etwas Positives!**

Wir sind es gewohnt, nach Fehlern und Lücken zu suchen und andere zu kritisieren, wollen aber selbst gerne geachtet und gelobt werden. Wenn wir deshalb versuchen, immer auch etwas Positives zu sehen (und zu sagen!), kommt auch eher etwas Positives zurück. Die Arbeit an der Sache wird dadurch für beide Seiten angenehmer und fruchtbarer!

Sagen Sie immer auch etwas Positives!

■ **Argumentieren Sie nicht gegen die Interessen der anderen, sondern für Ihre eigenen Interessen!**

Um zu sagen, was man selbst möchte, ist es nicht nötig, den anderen klein zu machen, auch wenn das beispielsweise in der Politik eine gängige Art der Argumentation ist. Durch häufiges Praktizieren wird sie nicht richtiger! Sie können den Angriff auf den oder die anderen einfach weglassen und stattdessen direkt sagen, was Sie möchten:

✔ „Also für mich ist wichtig, dass …"

✔ „Ich möchte, dass wir ausreichend berücksichtigen, dass die Bevölkerung in Deutschland im Jahr 2050 hauptsächlich aus alten Menschen bestehen wird."

Sprechen Sie den Gesprächspartner ruhig mit Namen an!

# 7. Gebot:
# Führe durch Fragen!

Entscheidungen werden von den Betroffenen dann am ehesten mitgetragen, wenn diese sich darin „wiederfinden". Dies kann nur der Fall sein, wenn sie auch gefragt wurden. Der Moderator kann seine Aufgabe deshalb nur aus einer „Frage-Haltung", keinesfalls aber aus einer „Sage- oder „Besserwisser-Haltung" heraus bewältigen. Er leitet die Gruppe (an), ist aber nicht inhaltlicher Entscheider. Nur in einer Doppelrolle als Moderator und Teilnehmer wird er sich auch inhaltlich einbringen.

Um zu erfahren, was die Gruppe insgesamt und jeder einzelne Teilnehmer in der Gruppe will, muss der Moderator mit (offenen) Fragen arbeiten. – Wie wichtig ist das Thema Fragen eigentlich für Sie persönlich?

Wenn Sie soeben im Geiste diese Frage beantwortet haben, ist damit der Beweis erbracht, dass Fragen Aufforderungscharakter haben. Sie sollten dies zur Moderation Ihrer Besprechungen nutzen!

# Fragetechnik

Die Frage ist in der (Besprechungs-)Moderation neben der Visualisierung das wichtigste Werkzeug des Moderators. Fragen werden beim Moderieren einerseits als visualisierte (Einstiegs-)Fragen für die einzelnen Methoden genutzt (vgl. Seite 60 f.) und andererseits als verbale Fragen zur Lenkung des Arbeitsprozesses eingesetzt.

**Gute Moderationsfragen sind:**

■ **möglichst einfach**
Eine Frage ist dann einfach, wenn der Gefragte nicht lange überlegen muss, was er antworten soll, sondern die gestellte Frage spontan beantworten kann. Die Frage „Welche Tätigkeiten übt wohl ein bundesrepublikanischer Ökonom aus?" ist schwieriger als die Frage „Was macht ein Bauer?".

■ **zielgerichtet/direkt**
Die Frage „Wie wahrscheinlich ist es, dass Sie zur Betriebsratswahl gehen werden?" fragt indirekt und zielt auf eine Wahrscheinlichkeitsangabe ab. Die Frage „Gehen Sie zur Betriebsratswahl?" hingegen fragt direkt nach der Absicht des Gefragten und ist somit zielgerichteter und direkter.

■ **konstruktiv**
Eine Moderationsfrage würde nicht lauten: „Wer verursacht bei uns die Probleme im Wareneingang?", sondern: „Wodurch entstehen bei uns Probleme im Wareneingang?"

# Das Nachfragen

In schwierigen Moderationssituationen reicht die „normale" Fragetechnik zur Bewältigung der Situation nicht aus. Hier kann neben dem auf Seite 105 f. Gesagten die Technik des Nachfragens gute Dienste leisten. Durch Nachfragen kann man:

- Blockaden auflösen

- unspezifische Begriffe konkretisieren

- Verallgemeinerungen und pauschale Vergleiche relativieren

- implizite Annahmen aufdecken

Im Zweifelsfall fragen Sie ruhig einmal nach!

### ■ Blockaden auflösen

Blockaden sind Aussagen wie „Das geht nicht!" oder „Das kann ich nicht!". Blockaden suggerieren im Gespräch eine Sackgasse; das Gespräch geht nicht voran.

Durch gezieltes Nachfragen wie: „Was müsste passieren, damit es geht?" oder „Was bräuchten Sie, um es zu können?", können Blockaden aufgelöst und kann das Gespräch weitergeführt werden.

### ■ Unspezifische Begriffe konkretisieren

Aussagen wie „Das ist mir zu schwammig!" oder „So ist das keine saubere Lösung!" enthalten ungenaue Begriffe. Die Fortführung des Gespräches ist nach einer derartigen Aussage erst dann sinnvoll, wenn geklärt wurde, was der jeweilige Begriff aus Sicht des Sprechers bedeutet. Fragen hierzu könnten sein: „Was meinen Sie mit ‚schwammig'?" oder „Was bedeutet für Sie ‚so'?".

### ■ Verallgemeinerungen und pauschale Vergleiche relativieren

Verallgemeinerungen sind Aussagen wie „Das sehen doch alle so!" oder „Das wird doch überall so gemacht!". Sie unterstellen, dass es nur einen Weg gibt, nämlich den vom Sprecher vorgeschlagenen, und nehmen so andere Ansätze aus dem Blick. Ähnlich ist es mit Vergleichen wie etwa: „Ich verstehe das nicht, in Abteilung ABX ist das alles kein Problem!"

Durch gezieltes Nachfragen wie: „Wie könnte man es sonst noch sehen?", „Überall?" oder „Alles?" werden Verallgemeinerungen relativiert und andere Sichtweisen „hoffähig" gemacht. Übrigens: Auch die Verallgemeinerung „Verallgemeinerungen sind nie richtig!" ist nicht richtig!

### ■ Implizite Annahmen aufdecken

Implizite Annahmen sind Aussagen wie „Der will doch bloß nicht!" oder „Das kriegen Sie beim Vorstand nie durch!". Aussagen dieser Art spiegeln Wissen vor, das meist keines ist. Es wäre unklug, das weitere Gespräch auf einer derart ungesicherten Wissensbasis aufzubauen.

Durch gezieltes Nachfragen wie etwa „Wie kommen Sie darauf, dass der nicht will?" oder „Was macht Sie so sicher, dass der Vorstand nicht zustimmen wird?" können die Annahmen überprüft und hilfreiche Informationen für eine konstruktive Weiterführung des Gespräches gewonnen werden.

Wenn sich ein Teilnehmer in eine „Killerphrase" verrannt hat, holen Sie ihn bitte wieder heraus!

# Der Teilnehmertipp

Wie das zum Thema „Nachfragen" Gesagte deutlich macht, sind Begriffe und Aussagen nicht eindeutig; erfolgreiche Kommunikation ist deshalb ohne (Nach-)Fragen nicht denkbar. Nicht ausreichend zu fragen bedeutet deshalb, sich weniger für die Sache und die Gesprächspartner zu interessieren als mehr für sich und die eigene Sicht der Dinge.

Dies wirkt entsprechend geringschätzig auf den jeweiligen Gesprächspartner und ist wenig hilfreich. Deshalb: Fragen Sie öfter mal nach!

> *Der Glaube, es gäbe nur eine Wirklichkeit,*
> *ist die gefährlichste Selbsttäuschung.*
> PAUL WATZLAWICK

Übrigens: Sich für die Meinung eines anderen zu interessieren bedeutet, ihn ernst zu nehmen. Sich die Mühe zu machen, erst zu antworten, wenn man sich sicher ist, dass man den anderen auch verstanden hat, zeigt, dass man bereit ist, auf den anderen einzugehen.

Darüber hinaus gibt einem ein solches Verhalten auch das Recht, das gleiche Verhalten auch von anderen einzufordern!

# 8. Gebot:
# Bleibe beim Thema!

Ein großes Problem betrieblicher Besprechungen ist es, dass Themen immer wieder „zerredet" werden. Um dies zu vermeiden, muss der Moderator unbedingt methodisch „sauber" arbeiten.

So gibt ihm beispielsweise die gemeinsam formulierte Zielsetzung (vgl. Seite 38 f.) grundsätzlich die Möglichkeit, immer wieder nachzufragen, ob das momentan Diskutierte zum Thema passt bzw. der Zielsetzung dient. So kann er stets den „roten Faden" behalten bzw. zu ihm zurückfinden.

Besonders schwierig ist eine Moderation dann, wenn ein sogenannter „Vielredner" unter den Teilnehmern ist. Für den Umgang mit dieser Spezies gibt es kein Patentrezept, jedoch wirksame Techniken, die der Moderator situativ angepasst einsetzen kann. Im Umgang mit Vielrednern können Sie:

■ **Mit Blickkontakt geizen**
Blickkontakt ist das Mittel, durch Blick Kontakt herzustellen. Mit demjenigen Teilnehmer, mit dem man sich unterhält, hält man Blickkontakt. Anders betrachtet: Man unterhält sich mit demjenigen, zu dem man Blickkontakt hat. Dadurch haben Sie die Möglichkeit, eine Unterhaltung auch körpersprachlich mitzugestalten. Sprechen Sie einen Vielredner also körpersprachlich nicht so häufig an!

### ■ Stillere Teilnehmer vorziehen

Die Verteilung der Sprechzeit in einem Gruppengespräch ist ein Nullsummenspiel. Was der eine gewinnt,
verliert der andere. Dies verpflichtet und berechtigt
den Moderator einer Gesprächsrunde, dafür zu sorgen,
dass die Beiträge eines Vielredners nicht auf Kosten der
stilleren Teilnehmer gehen. Beziehen Sie also stillere
Teilnehmer immer wieder einmal aktiv in die Besprechung ein!

### ■ Arbeiten mit der Gänseblümchentechnik

Eine gute Möglichkeit, einen Vielredner zu bremsen,
ist die Nutzung der Gänseblümchentechnik. Sie unterbrechen den Sprecher, sobald Sie glauben, dass er sich
vom Kern der Sache entfernt, fassen das Gesagte kurz
zusammen und führen auf das Thema zurück. Dies
könnten Sie beispielsweise mit den Worten: „Wenn ich
Sie richtig verstanden habe, meinen Sie ... – ja?" Wichtig
ist dabei, sofort nach dessen Bestätigung das Wort an
einen anderen Teilnehmer zu geben, bevor der Sprecher
erneut ansetzt. Zum Beispiel: „Danke, Herr Meier! – Frau
Müller, Sie haben sich dazu noch gar nicht geäußert,
glauben Sie, wir sollten mal ...?"

### ■ Visuelle Rhetorik einsetzen

Visualisierung ist ein sehr machtvolles Instrument zur Steuerung von Gruppen.

Notfalls zieht man sich auf die visuell gesteuerte Diskussion zurück

Um ein Gespräch zu straffen oder einen Vielredner zu veranlassen, sich kurz zu fassen, kann der Moderator „visuell diskutieren" lassen, indem er jeden neuen Gedanken mitvisualisiert. Dies gibt ihm die Möglichkeit mit einer Zwischenfrage wie etwa: „Wie soll ich das bitte formulieren?" oder „Was soll ich denn nun hinschreiben?" oder „Wie sollen wir diesen Gedanken festhalten?", den Redeschwall zu dämpfen und zu kanalisieren.

Zum spontanen Mitvisualisieren können alle vorgestellten Methodenraster dienen (vgl. Seite 69 f.). Ist Ihnen in dem Moment nicht klar, welches Raster geeignet ist, können Sie durch „Ad-hoc-Mitvisualisierung" per „Netzbild/Mindmap" (vgl. Seite 76) für sich und die Gruppe schnell erkennen, um welche Aspekte es gerade geht.

# Der Teilnehmertipp

Auch der Teilnehmer einer Besprechung trägt Verantwortung für deren Gelingen. Sie sollten deshalb als Teilnehmer – neben Ihrer inhaltlichen Arbeit – den Leiter in seinem Bemühen um eine erfolgreiche Prozessgestaltung unterstützen. Hierzu folgende Tipps:

- Bemühen Sie sich, beim Thema zu bleiben und stets zur Sache zu sprechen!

- Unterbrechen Sie, wenn Sie „den roten Faden" verloren haben und momentan nicht wissen, worum es gerade geht!

- Klären Sie den Bezug zum Thema, wenn jemand etwas sagt, das Sie nicht einordnen können!

- Unterstützen Sie den Leiter in seinem Bemühen, stillere Teilnehmer einzubeziehen und Vielredner zu bremsen!

# 9. Gebot:
# Achte auf konkrete Vereinbarungen!

Der Moderator ist dafür da, dass sich folgender Witz gerade nicht bestätigt: „Was ist eine Besprechung? Nun, es gehen viele hinein und es kommt wenig dabei heraus!" Das bedeutet, dass er mit Akribie darauf zu achten hat, dass das angestrebte Ziel erreicht wird und konkrete Maßnahmen nach dem Muster „Wer macht was bis  wann?" beschlossen werden. Hilfreich ist hierzu ein (vorab) visualisierter Maßnahmenkatalog mit den entsprechenden Spalten, in die die Beschlüsse eingetragen werden. Der Maßnahmenplan ist auf den Seiten 90 bis 93 ausführlich dargestellt.

Achten Sie als Leiter/Moderator eines Gruppengespräches sehr darauf, dass Vereinbarungen konkret sind! Hier einige Beispiele:

■ „Ich übernehme das!" lässt offen, was die betreffende Person konkret zu übernehmen gedenkt und was „übernehmen" für sie bedeutet!

■ „Ja gut, wir sprechen uns dann noch ab!" wirft sofort die Frage auf: Wer kommt wann wie auf wen zu?

# Der Teilnehmertipp

Während man in einer Besprechungsrunde sitzt, ist allen klar, wovon man gesprochen und was man vereinbart hat. Doch besteht diese Klarheit auch morgen und übermorgen noch? Sie sollten deshalb auch als Teilnehmer darauf achten, dass konkrete Vereinbarungen getroffen werden. Grundsätzlich gilt: je konkreter, desto besser. Hier ein Beispiel:

- „Wir treffen uns morgen wieder im Besprechungsraum."

- „Wir treffen uns morgen wieder im Besprechungsraum A."

- „Wir treffen uns morgen wieder um 9.00 Uhr im Besprechungsraum A."

- „Wir treffen uns morgen wieder um 9.00 Uhr im Besprechungsraum A, um über die neuen Räume zu sprechen."

- „Wir treffen uns morgen wieder um 9.00 Uhr im Besprechungsraum A, um über die neuen Räume zu sprechen. Ziel des Gespräches ist es, eine mögliche Belegung zu skizzieren."

- „Wir treffen uns morgen wieder um 9.00 Uhr im Besprechungsraum A, um über die neuen Räume zu sprechen. Ziel des Gespräches ist es, eine mögliche Belegung zu skizzieren. Wir nehmen uns dafür eine Stunde Zeit."

■ „Wir treffen uns morgen wieder um 9.00 Uhr im Besprechungsraum A, um über die neuen Räume zu sprechen. Ziel des Gespräches ist es, eine mögliche Belegung zu skizzieren. Wir nehmen uns dafür eine Stunde Zeit. Es werden zusätzlich Frau Meier und Herr Müller dabei sein."

Vereinbarungen können in ihrem Konkretheitsgrad sehr unterschiedlich sein. Je detaillierter die Vereinbarung ist, desto wahrscheinlicher ist es auch, dass man nicht aneinander vorbeiredet oder „böse Überraschungen" erlebt. Kommunizieren Sie im Zweifelsfall lieber etwas mehr Informationen.

Sagen Sie möglichst konkret, was Sie meinen!

# 10. Gebot:
# Schließe positiv ab!

Die Teilnehmer sollen die Besprechung in positiver Stimmung verlassen und mit dem Vorsatz, die beschlossenen Maßnahmen in die Tat umzusetzen. Hierzu dürfen ein ehrlicher Dank des Moderators an die Gruppe und ein positiver Abschluss nicht fehlen.

Meist ist es sinnvoll, vor dem Auseinandergehen zurückzusehen und den Prozess zu bewerten, auch um für die nächsten Male Schlüsse daraus ziehen zu können.

Ein einfaches Instrument hierzu ist ein Abschlussblitzlicht – entweder rein verbal oder anhand eines Abschlussflips, wie schon auf Seite 95 gezeigt.

Die Bewertung erfolgt mittels Klebepunkt, den sowohl die Teilnehmer wie auch der Moderator vergibt. Anschließend teilt jeder kurz mit, wo sein Punkt platziert ist und warum gerade dort. Der Moderator sollte die Nennungen mitvisualisieren.

Alternativen und Ergänzungen zum Abschlussblitzlicht sind:

■ Abschlussworte – aufgebaut nach dem 3-Satz wie auf Seite 70 ausgeführt: Was war unsere Ausgangssituation? Was ist jetzt? Was wird sein?

- Ein kleines Geschenk, das zum Thema des Tages passt: ein Modell oder ein Symbol, ein neues Werbegeschenk des Hauses ...
- Eine kurze Besichtigung einer Neuerung im Hause.
- Ein kleiner gemeinsamer Imbiss, wo man das Treffen auch informell noch einmal nach- und ausklingen lassen kann.

Abb. 35 – Abschlussflip

# Der Teilnehmertipp

Am Ende einer Veranstaltung wird man sich fragen, was das Ganze nun gebracht hat und wie man die gemeinsame Arbeit erlebt hat. Dies wird jeder Teilnehmer für sich oder mit anderen im „Abschluss nach dem Abschluss" tun. Vor allem dann, wenn diese Rückschau vom Moderator nicht angeregt wurde.

Für diese Reflexionsphase ist es wichtig, seinen eigenen Anteil am Prozess und Ergebnis nicht aus den Augen zu verlieren. Wenn man der Meinung ist, etwas hätte anders laufen müssen, hätte man dies während der Besprechung sagen müssen, denn nach der Besprechung ist es zu spät, etwas anders zu machen. Bedeutet: Feedback (Rückmeldung) muss rechtzeitig erfolgen!

Darüber hinaus sollten Sie bedenken:

> *Was Peter über Paul sagt,*
> *sagt mehr über Peter als über Paul!*
> DESCARTES

Wenn Sie Rückmeldung geben, denken Sie daran:

- Feedback muss erwünscht sein, das heißt, man sollte darauf achten, dass der andere es auch haben will!

- Feedback muss weiterhelfen, zum Beispiel für die nächste Besprechung.

- Feedback muss grundsätzlich konstruktiv sein!

# 11. Gebot:
# Bereite das Meeting nach!

Eine Besprechung ist erst dann zu Ende, wenn sie auch kurz nachbereitet wurde. Planen Sie unbedingt Ihren pesönlichen „Abschluss nach dem Abschluss" mit ein! Diese Zeit ist ebenso nötig wie die Vorbereitungszeit. Sie sollten nach der Besprechung nochmals den inhaltlichen, methodischen, organisatorischen und persönlichen Aspekt der Besprechung betrachten:

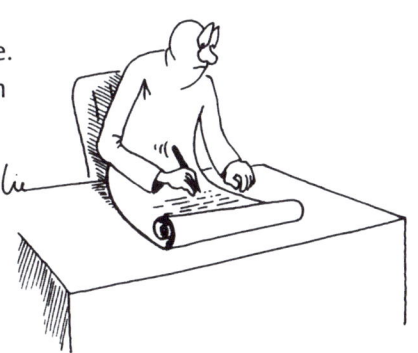

■ **Inhaltliche Nachbereitung**

- ✔ Wurde über die Themen gesprochen, die geplant waren? Oder über neue/andere? Wie kam es dazu?

- ✔ Konnten alle Themen bearbeitet werden? Und ist nichts offengeblieben?

- ✔ Haben wir unsere Ziele erreicht? Welche nicht (ganz) und wieso nicht?

■ **Methodische Nachbereitung**

- ✔ Hat meine Vorbereitung gegriffen? War ich methodisch „richtig aufgestellt"?

- ✔ Hätte ich mir an einer Stelle eine andere Methodik gewünscht und aus welchem Grund?

■ **Organisatorische Nachbereitung**

✔ War organisatorisch alles o. k.?

✔ War der Raum in Ordnung?

✔ Waren die Medien bereit und funktionsfähig?

✔ Ist geregelt, dass der Raum wieder in Ordnung kommt?

✔ Muss ich etwas Geliehenes zurückbringen?

✔ Wer macht das Protokoll? Bis wann? Ist es mein Job oder wann sollte ich mal nachhaken?

■ **Persönliche Nachbereitung**

✔ Hat meine Vorbereitung gegriffen?

✔ War ich gut (genug) präpariert?

✔ Habe ich Aufgaben übernommen und wenn ja, bis wann? Terminplanung vornehmen!

Nach jeder kritischen Antwort steht natürlich die Überlegung, wie es beim nächsten Meeting besser laufen könnte. Nehmen Sie sich noch einmal die „Checkliste Besprechungsvorbereitung" von Seite 27 zu Hilfe und überlegen Sie, was Sie beim nächsten Treffen wie anders machen werden, um Ihre frischen Erfahrungen für künftige Aufgaben zu sichern!

Gegebenenfalls ziehen Sie einen Teilnehmer Ihres Vertrauens hinzu, mit dem Sie die ganze Sache nochmals kurz

durchdenken ...

# Das Protokoll

Besprechungen werden meist in Form eines Ergebnisprotokolls dokumentiert. Dazu notiert ein Protokollführer ausschließlich die Ergebnisse der Besprechung und verfasst nach der Besprechung ein knappes Schriftstück (Protokoll) darüber. Dieses wird an alle Teilnehmer verteilt. Möglich ist auch eine Mitschrift per PC, die dann – am besten noch während der Besprechung – auf Zustimmung aller gegengecheckt wird. Was ein Protokoll prinzipiell wiedergeben muss, sind folgende Punkte:

- Veranstaltungstitel
- Veranstaltungsort
- Termin und Zeit
- Teilnehmer
- Ergebnisse
- Protokollführer

*Die rechts vorne hat immer gegrinst*

Gegebenenfalls ziehen Sie eine Person Ihres Vertrauens zur Nachbereitung hinzu

## Veranstaltungstitel

Jede Veranstaltung sollte einen Titel haben, der schon für die Planung und Einladung benutzt wird, um sich darauf beziehen zu können, wie etwa:

- ✔ „Arbeitsbesprechung neue Teeküche"
- ✔ „Teammeeting KW 17"
- ✔ „Außerordentliche Arbeitssitzung des Arbeitskreises OMEGA 7"

## Veranstaltungsort

- ✔ Wo hat die Veranstaltung stattgefunden?
- ✔ „Werk Berlin – Gebäude 4711 – Raum 17"

## Termin & Zeit

- ✔ Wann hat die Veranstaltung stattgefunden?
- ✔ Datum sowie Zeitangabe über Beginn und Ende

## Teilnehmer

- ✔ Wer hat die Veranstaltung geleitet?
- ✔ Wer war mit dabei (ganz oder zeitweise)?
- ✔ Gab es Gäste? Wen? Von wann bis wann?

## Ergebnisse

- ✔ Welche Ergebnisse wurden erzielt, welche Vereinbarungen getroffen?

## Protokollführer

- ✔ Wer hat das Protokoll verfasst?
✔ Datum und Unterschrift

Ein **Ergebnisprotokoll** könnte beispielsweise so aussehen:

# SLIDE AG

**Protokoll** vom          Werk Berlin
Arbeitskreis OMEGA 7     Gebäude 4711
22.10.2020                1. OG
10.00 – 12.00 Uhr        Raum 17

**Teilnehmer**
Rolf Berker                  Dr. Monique Lampe
Dr. Gerlinde Bühner       Peter Nieborg
Dr. Karina Gregory (Leitung)    Uwe Schettler
Bettina Kerschbaumer-Schramek   Stefan Eß (zeitweise)

**Ergebnisse**

TOP 1: Scanner           Der Hochgeschwindigkeits-
                          trommelscanner für AB wird
                          aus Kostengründen ersatzlos
                          gestrichen.

TOP 2: DigiCam           Die Werkstatt wird mit einer
                          hochauflösenden DigiCam
                          ausgerüstet. Herr Schettler nimmt
                          die Bestellung über die KSt. 1237
                          bis zum 28.11.2020 vor.

TOP 3: Farbkopierer      Frau Dr. Lampe erstellt ein
                          Lastenheft für einen neuen
                          Farbkopierer bis zum nächsten
                          Treffen am 10.12.2020.

**Protokoll**      Datum:          Unterschrift:
Uwe Schettler    23.10.2020

Abb. 36 – Ergebnisprotokoll

Deutlich mehr Informationen enthält ein **Verlaufsprotokoll,** das – als Vollprotokoll (wörtliche Mitschrift wie etwa im Bundestag) oder als Teilprotokoll (Zwischen- und Endergebnisse werden dokumentiert) – auch den Verlauf wiedergibt.

In der Workshop- oder Projektmoderation wird ein Verlaufsprotokoll in der speziellen Form des Fotoprotokolls erstellt. Diese Art des Protokolls enthält alle Visualisierungen, die während der Besprechung genutzt wurden bzw. entstanden sind, in Form eines Fotos. Auf diese Weise ergibt sich eine Dokumentation sowohl des Arbeitsprozesses als auch der Ergebnisse, die sich auch für die Besprechungspraxis nutzen lässt. Auch wenn „nur" ein Ergebnisprotokoll entstehen soll, ist die Fototechnik gut einsetzbar: Beispielsweise könnte das Protokoll von Seite 125 als Deckblatt dienen und dahinter könnte ein Foto vom Original-Maßnahmenplan aus dem Meeting folgen.

### Die Erstellung des Fotoprotokolls

Ein Fotoprotokoll besteht, wie es der Name schon sagt, aus den Fotos der Originaldarstellungen. Diese entstehen durch Abfotografieren der Originale mit einer hochauflösenden Digitalkamera. Die Fotos werden dann im PC zusammengestellt und ausgedruckt oder direkt per E-Mail versandt.*

Abb. 37 – Digitalkamera

---

* Ein Softwareprogramm zur Fotoprotokollerstellung ist z.B. „PhotoMinutes",
im Internet unter: www.photominutes.com

**Maßnahme** vom 3. Nov.

| Nr. | Was? – Wofür? | Wer? | Wann? | Check? |
|-----|---------------|------|-------|--------|
| 1 | Prüfen, ob das neue Beleuchtungskonzept für Haus 3c auch im Haupthaus realisiert werden kann. | Martina Serba | bis zum 1.10. | kurz-präsentation am 3.10. |
| 2 | Medien für den neuen Besprechungsraum auswählen _Vorschlag?_ | Elke Graubmann | bis zum 1.10. | –"– |
| 3 | Angebot für So... paket einholen | | | |

**Was ist wichtig für die …**

zum Raum passend

sehr hell

blendfrei

Design/ Anmutung

Licht- ausbeute

"weiches" Licht

**Beleuchtung**

Kosten

Lieferzeit & Montage

max. 10.000,- €

kurze Lieferzeit (bis Ende Nov.)

Montage noch in diesem Jahr

Abb. 38 –
Fotoprotokoll-
Beispiele

# Der Teilnehmertipp

Auch als Teilnehmer sollten Sie die Besprechung für sich kurz nachbereiten!

Gegebenenfalls setzen Sie sich mit Kollegen zusammen und überlegen gemeinsam, was gut gelaufen ist, was nicht optimal war, was besser hätte laufen können und was Sie in der nächsten Besprechung anders machen werden, damit Sie das Ergebnis erzielen, das Sie anstreben.

Mögliche Checkfragen, die Sie sich stellen können, sind:

■ War ich gut genug vorbereitet?

■ Habe ich mich mit den Anwesenden vertraut gemacht?

■ Waren mir meine Ziele völlig klar?

■ Habe ich auf Verständlichkeit meiner Ausführungen Wert gelegt?

■ Habe ich darauf geachtet, dass „step by step" methodisch gearbeitet wurde?

■ Habe ich aktiv zugehört und konstruktiv argumentiert?

■ Habe ich öfter mal nachgefragt?

■ Bin ich beim Thema geblieben? Oder habe ich uns durch Exkurse die Arbeit erschwert?

■ Habe ich konstruktiv Rückmeldung gegeben?

■ Habe ich aus früheren Fehlern gelernt?

Sie haben es sicher bemerkt: Das war ein kurzer Check, ob Sie die elf Teilnehmertipps beherzigt haben. Wenn Sie mögen, machen Sie sich daraus eine persönliche Checkliste zur Nachbereitung Ihrer Besprechungen und gehen Sie diese nach jeder Besprechung kurz durch.

Und noch ein Tipp: Wenn Sie die Auswertungschecklisten kurz schriftlich beantworten – Stichworte oder kurze, persönliche Merksätze reichen völlig –, entsteht ein persönliches Besprechungs(trainings)tagebuch. Sie können darin gelegentlich nachschlagen, worauf Sie besonders achten wollten und wo Sie diesbezüglich inzwischen stehen. So trainieren Sie sich selbst und können sich immer wieder über Ihre wachsende Professionalität freuen ...

Gegebenenfalls kann man als Teilnehmer die Nachbetrachtung auch gemeinsam mit Kollegen durchführen

# Übrigens ...

... es verlangt meist etwas Mut, sich an etwas Neues heranzuwagen, wie folgende Geschichte illustriert: Ein König stellte für einen wichtigen Posten den Hofstaat auf die Probe. Kräftige und weise Männer umstanden ihn in großer Menge. „Ihr weisen Männer", sprach der König, „ich habe ein Problem, und ich möchte sehen, wer von euch in der Lage ist, dieses Problem zu lösen." Er führte die Anwesenden zu einem riesengroßen Türschloss, so groß, wie es keiner je gesehen hatte. Der König erklärte: „Hier seht ihr das größte und schwerste Schloss, das es in meinem Reich je gab. Wer von euch ist in der Lage, das Schloss zu öffnen?" Ein Teil der Höflinge schüttelte nur verneinend den Kopf. Einige, die zu den Weisen zählten, schauten sich das Schloss näher an, gaben aber zu, sie könnten es nicht schaffen. Als die Weisen dies gesagt hatten, war sich auch der Rest des Hofstaates einig, dieses Problem sei zu schwer, als dass sie es lösen könnten. Nur ein Wesir ging an das Schloss heran. Er untersuchte es mit Blicken und Fingern, versuchte es auf die verschiedensten Weisen zu bewegen und zog schließlich mit einem Ruck daran. Und siehe, das Schloss öffnete sich. Das Schloss war nur angelehnt gewesen, nicht ganz zugeschnappt, und es bedurfte nichts weiter als des Mutes und der Bereitschaft, dies zu begreifen und beherzt zu handeln. Der König sprach: „Du wirst die Stelle am Hof erhalten, denn du verlässt dich nicht nur auf das, was du siehst oder was du hörst, sondern setzt selber deine eigenen Kräfte ein und wagst eine Probe." *

Viel Mut für Ihre „Besprechungs-Mutproben"!

Ihr *Josef W. Seifert*

---

* Nach Nossrat Peseschkian, Der Kaufmann und der Papagei

# Literatur

Argyle, Michael
**Körpersprache & Kommunikation**
Junfermann Verlag
Paderborn 1996

Birkenbihl, Vera F.
**Fragetechnik schnell trainiert:** das Trainingsprogramm
für Ihre erfolgreiche Geschäftsführung
mvg-verlag
Landsberg/Lech 2000

Goossens, Franz
**Konferenz, Verhandlung, Meeting**
Wilhelm Heyne Verlag
München 1988

Langer, Inghard; Schulz von Thun, Friedemann;
Tausch, Reinhard
**Sich verständlich ausdrücken**
Verlag Ernst Reinhard
München 2006

Jekel, Thorsten
**Digital Working für Manager**
GABAL Verlag
Offenbach 2013

Kindl-Beilfuß, Carmen
**Fragen können wie Küsse schmecken**
Carl Auer Verlag
Heidelberg 2013

Lay, Rupert
**Manipulation durch die Sprache**
Rowohlt Taschenbuch Verlag Reinbek
bei Hamburg 1984

Myhsok, Alexander D.
**Gesprächsgruppen in Organisationen:**
Gründe für Erfolg und Mißerfolg
Konstanzer Schriften zur Sozialwissenschaft; Bd. 25
Hartung-Gorre Verlag
Konstanz 1993

Paulus, Georg; Schrotta, Siegfried; Visotschnig, Erich
**Systemisches Konsensieren**
Danke-Verlag
Karlsruhe 2013

Peseschkian, Nossrat
**Der Kaufmann und der Papagei**
Fischer Taschenbuch Verlag
Frankfurt am Main 1990

Seifert, Josef W.
**30 Minuten Moderieren**
10. Auflage
GABAL Verlag
Offenbach 2014

Seifert, Josef W.; Kerschbaumer, Bettina
**30 Minuten Online-Moderation**
2. Auflage
GABAL Verlag
Offenbach 2012

Seifert, Josef W.
**Moderation und Kommunikation**
9. Auflage
GABAL Verlag
Offenbach 2014

Seifert, Josef W.
**Moderation und Konfliktklärung**
2. Auflage
GABAL Verlag
Offenbach 2011

Seifert, Josef W.
**Visualisieren – Präsentieren – Moderieren**
34. Auflage
GABAL Verlag
Offenbach 2015

Watzlawick, Paul
**Menschliche Kommunikation**
12. Auflage
Verlag Hans Huber
Bern 2011

Zelazny, Gene
**Wie aus Zahlen Bilder werden**
6. Auflage
Gabler
Wiesbaden 2008

Dieses Literaturverzeichnis erhebt keinen Anspruch auf Vollständigkeit. Einige der genannten Bücher gaben konkrete Anregungen für dieses Buch. Andere sind als weiterführende Literatur gedacht. Es lohnt sich sicher, in das eine oder andere einmal „reinzuschauen" – **viel Spaß dabei!**

# Verzeichnis
# der Abbildungen

# Stichwortverzeichnis

# Josef W. Seifert bei GABAL

**Die besten seiner Bücher**

## Visualisieren - Präsentieren - Moderieren

Das Wesentliche zu den eng miteinander verknüpften Bereichen Visualisieren, Präsentieren und Moderieren in drei in sich geschlossenen Kapiteln. Dieses Buch ist zu einem Standardwerk geworden. Eines der meist verkauften Präsentationsbücher! Vermutlich das erfolgreichste Moderationsbuch!

**Tipp:** Erhältlich in Deutsch, Englisch und Französisch.
500.000 verkaufte Exemplare.

## Moderation & Kommunikation

Griffige Methoden für den feinstofflichen Bereich des Moderierens. Kommunikation, Gruppendynamik, Konfliktmanagement theoretisch fundiert und sehr praxisbezogen.

## Besprechungen erfolgreich moderieren

Die Umsetzung der klassischen Moderationstechnik in die Besprechungssituation am runden Tisch. 11 hilfreiche Kapitel für BesprechungsleiterInnen und TeilnehmerInnen.

**Tipp:** Auch als Hörbuch erhältlich!

## Moderation & Konfliktklärung

Konflikte erkennen - klären - lösen. Der Moderationszyklus zur systematischen Bearbeitung von Konflikten zwischen zwei Personen und in Teams. Ein How-to-do-Buch für den Berater und den TeamCoach genauso wie für Führungskräfte und Projektleiter.

## 30 Minuten für professionelles Moderieren

Das Wesentliche zum Thema Moderation in aller Kürze – eine Zusammenfassung. Ein Überblick für den eiligen Leser, der in kurzer Zeit wissen will, worauf es bei der Moderation von Gruppen konkret ankommt.

**Tipp:** Auch als Hörbuch erhältlich!

## 30 Minuten Online-Moderation

Zahlreiche Unternehmen haben das Online-Conferencing für sich entdeckt. Dieses Buch zeigt Ihnen, wie Sie sich auf diese Situation vorbereiten, den Ablauf einer Online-Moderation gestalten und dabei auch auf die Mitarbeit der Gruppe zählen können.

# MODERATORENSHOP®

Telefon-Beratung

Exklusive Produkte

€

Faire Preise

## Equipment und Verbrauchsmaterial für Moderation und Training

In sechs verschiedenen Kategorien finden Sie professionelles Equipment, Verbrauchsmaterial, Bücher und Software bis zu Elektronik und Kleinartikeln. **Klicken Sie sich rein!**

www.moderatorenshop.de
**Info-Tel. +49 (0) 84 46 - 92 03 99**

**MODERATOREN**SHOP®

www.moderatorenshop.de

ANZEIGE

# Bei uns treffen Sie Gleichgesinnte ...

... weil sie sich für **persönliches Wachstum** interessieren, für **lebenslanges Lernen** und den Erfahrungsaustausch rund um das Thema Weiterbildung.

# ... und Andersdenkende,

weil sie aus unterschiedlichen Positionen kommen, unterschiedliche Lebenserfahrung mitbringen, mit unterschiedlichen Methoden arbeiten und in unterschiedlichen Unternehmenswelten zu Hause sind.

Auf unseren Regionalgruppentreffen und Impulstagen entsteht daraus ein **lebendiger Austausch**, denn wir entwickeln gemeinsam **neue Ideen**. Dadurch entsteht ein **Methodenmix** für individuelle Erlebbarkeit in der jeweiligen Unternehmenswelt.

Durch Kontakt zu namhaften Hochschulen erhalten wir vom Nachwuchs spannende Impulse, die in die eigene Praxis eingebracht werden können.

**GABAL.** Wissen Vernetzen

## Das nehmen Sie mit:

- Präsentation auf den GABAL Plattformen (GABAL-impulse, Newsletter und auf www.gabal.de) sowie auf relevanten Messen zu Sonderkonditionen

- Teilnahme an Regionalgruppenveranstaltungen und Kompetenzteams

- Sonderkonditionen bei den GABAL Impulstagen und Veranstaltungen unserer Partnerverbände

- Gratis-Abo der Fachzeitschrift wirtschaft + weiterbildung

- Gratls-Abo der Mitgliederzeitschrift GABAL-impulse

- Vergünstigungen bei zahlreichen Kooperationspartnern

- u.v.m.

**Neugierig geworden? Informieren Sie sich am besten gleich unter:**

www.gabal.de/leistungspakete.html

**GABAL e.V.**
Budenheimer Weg 67
D-55262 Heidesheim
Fon: 06132/5095090,
Mail:info@gabal.de